U0351296

国家社会科学基金重点项目(12AZD040)
环境保护部公益性行业科研专项(201309043)
国家自然科学基金重点项目(50939006)

中国环境经济
一般均衡分析系统及其应用

秦昌波 著

CGE

科学出版社

北京

内 容 简 介

本书从可计算一般均衡（CGE）模型的原理出发，在系统分析环境系统与经济系统之间的一般均衡关系基础上，介绍了自主开发的环境 CGE 模型——中国环境经济一般均衡分析系统（general equilibrium analysis system for environment，GREAT-E）。GREAT-E 模型通过对传统 CGE 模型进行结构调整，纳入资源、环境核算实物量账户和细分环境治理部门，形成环境政策分析和环境经济影响综合评估平台。通过在国家环境保护规划和典型环境政策领域的应用研究，展示了 GREAT-E 模型系列版本在相关领域的战略规划和政策制定方面发挥出的决策支撑作用。

本书可供从事环境规划、环境经济、环境管理、环境政策、环境 CGE 模型研究的科学家、经济学家、工程技术人员、高等院校师生和政府决策者参考。

图书在版编目（CIP）数据

中国环境经济一般均衡分析系统及其应用 / 秦昌波著 . —北京：科学出版社，2014.1

ISBN 978-7-03-039386-9

Ⅰ.中… Ⅱ.秦… Ⅲ.环境经济-均衡分析-中国 Ⅳ.X196

中国版本图书馆 CIP 数据核字（2013）第 309813 号

责任编辑：李　敏　吕彩霞 / 责任校对：郭瑞芝
责任印制：徐晓晨 / 封面设计：无极书装

科 学 出 版 社 出版
北京东黄城根北街 16 号
邮政编码：100717
http://www.sciencep.com

北京科印技术咨询服务公司 印刷
科学出版社发行　各地新华书店经销

*

2014 年 1 月第 一 版　开本：720×1000　1/16
2017 年 2 月第三次印刷　印张：14 1/4
字数：280 000

定价：**128.00** 元
（如有印装质量问题，我社负责调换）

序　言

　　1978~2010 年，我国 GDP 年均增长 9.8%，经济总量由世界第十上升为世界第二。但是，发达国家上百年工业化过程中分阶段出现的环境问题，在我国近30 年来集中爆发，不断损害中国经济社会赖以发展的环境资源家底。如何在经济发展与环境保护之间寻求一条协调发展道路逐渐成为亟待解决的重大科学命题。目前环境 CGE 模型已经成为国家和区域可持续发展研究较为理想的方法。

　　环境系统和经济系统之间存在密切的关系。对于消费品的生产来说，生产过程需要环境提供物质资料和能源。经环境提供的物质资源和能源在生产和消费过程中得到转换，并且产生的副产品随后被排放到环境中。环境不仅是物质资料和能源的提供者，也是生产和消费过程中所产生废物的接受者，环境系统消纳经济活动所产生废物的环境容量是有限的，这个有限的环境容量限制了经济的增长。20 世纪 80 年代以来，全球气候变化、臭氧层破坏、环境污染、水生流失、生态破坏和生物多样性减少等环境问题日益突出。

　　在这种背景下，世界各国都开始寻求一种既能保持经济增长，又能削减污染排放的环境经济控制政策。一方面，众多环境政策被广泛采用，比如环境标准、环境税、排污交易、碳减排等，这些环境政策的首要目标是减低污染排放，但却可能对价格、数量和经济结构产生影响；另一方面，经济行为的变化也会对环境系统产生影响，比如贸易自由化和产业发展政策可能导致资源的重新分配和污染产业的转移。在这种背景下，CGE 模型不断被应用到环境政策的分析中。具体说来，环境 CGE 模型主要用于模拟环境与经济之间的互动影响，其中包括分析公共经济政策（如税收、政府开支等）对环境的影响，以及环境政策（如环境税收、补贴和污染控制等）对经济的影响。

　　本书在研究环境保护与经济发展相互作用关系的基础上，系统地介绍了作者近 6 年来在环境 CGE 模型开发、应用和决策支撑方面的研究成果，共分 10 章。第 1 章主要介绍 CGE 模型特别是环境 CGE 模型的形成、发展及应用。第 2 章主要介绍作者自主开发的环境 CGE 模型——中国环境经济一般均衡分析系统（general equilibrium analysis system for environment, GREAT-E）。GREAT-E 模型通过对传统 CGE 模型进行结构调整，纳入资源、环境核算实物量账户和细分环境治理部门，形成环境政策分析和环境经济影响综合评估平台。第 3 章主要介绍模型的数据基础——环境经济一体化社会核算矩阵，介绍如何细分独立的环境治理部门及将环境和资源核算成果纳入到传统社会核算矩阵中。第 4~第 10 章主要介绍 GREAT-E 模型在典型研究领域的应用，包括基于"十二五"污染减排目标的中国绿色转型成本效益分析、水环境保护目标和经济发展目标之间的协调评估、排污交易政策的经济影响评估、提高水资源费征收标准的经济影响评估、京津冀地区环境水资源短缺制约的政策影响模拟评估、排污费改税的环境经济综合影响评估、征收碳税的经济影响评估、煤炭环境成本内部化的经济影响评估。这些研究案例涉及环境保护、水资源、碳排放、矿产资源多个研究领域，研究成果可以在国家保护规划目标确定、排污总量政策制定、排污权交易政策制定、环境税费政策制定、水资源保护政策制定等领域发挥重要的决策支撑作用。同时，不同案例也涉及 GREAT-E 模型静态版本与动态版本，以及单区域版本与多区域版本之间的区别。

作者在从事环境 CGE 模型的研究中得到了国内外多位友人的悉心指导和帮助。在此特别感谢中国水利水电科学研究院的王浩院士和贾仰文教高、环境保护部环境规划院的王金南研究员和葛察忠研究员，荷兰特文特大学管理学院的汉斯·布莱瑟教授、荷兰国际地理信息科学与地球观测学院的苏中波教授对作者从事环境经济政策模拟研究方面给予的悉心指导和大力支持。同时也对高树婷、程翠云、龙凤、任亚娟、李晓琼、苏洁琼、杨琦佳、刘倩倩和袁强等各位同仁在税率设定、成本核算、文献检索和数据处理方面所给予的大力帮助表示诚挚的感谢！

本书有助于读者在了解环境 CGE 模型之余，能对环境经济数据的收集、整理和核算有一个清晰的认识，并对模型求解与应用有一个直观印象和大致思路。由于作者在认识、水平、时间和条件所限，书中存在的不妥之处，还望广大读者批评指正。

秦昌波

2013 年 12 月 8 日

目　　录

第1章　环境 CGE 模型的发展与应用

1.1　CGE 模型的发展和应用

1.1.1　CGE 模型的理论基础

可计算一般均衡（computable general equilibrium，CGE）模型经过 40 多年的发展，现已成为一种相当规范的模型。CGE 模型是以一般均衡理论为基础，以一组数学方程的形式反映整个社会的经济活动，可以说是经济社会的一个缩影。一般均衡理论（general equilibrium，GE）思想的起源可以追溯到 1874 年，洛桑学派的领袖——法国经济学家里昂·瓦尔拉斯（Leon Walras）在他的论著《纯粹经济学要义》（*Elements of pure economics*）中，首次提出了一般均衡的概念。该理论将经济系统看作一个整体，研究其中各要素之间复杂的相互作用和相互依存关系。一般均衡理论旨在考察经济系统中的市场均衡和总量均衡，以及在一定条件下因供求关系的变动所导致的价格变动，进而又使供求关系趋向均衡的经济变量的运动过程。随着这一理论的发展和完善，CGE 模型的研究逐渐走向成熟，并且很快作为一种较为有效的政策分析工具，得到广泛应用。CGE 模型利用一般均衡理论经验性地分析在市场经济中的资源配置和收入分配。随着计算机和软件技术的进步，经过近半个世纪的应用和发展，CGE 模型无论是在发达国家还是在发展中国家都获得了广泛的应用和发展。

CGE 模型最重要的成功在于它在经济的各个组成部分之间建立起了数量联系，使我们能够考察来自经济某一部分的扰动对经济另一部分的影响。对于投入产出模型来讲，它所强调的是产业的投入产出联系或关联效应。而 CGE 模型则在整个经济约束范围内把各经济部门和产业联系起来，从而超越了投入产出模型。这些约束包括：对于政府预算赤字规模的约束，对于贸易逆差的约束，对于劳动、资本和土地的约束，以及出于环境考虑（如空气和水的质量）的约束等。一般均衡理论是简单而基本的观点，即在现实经济中，市场是相互依存的。该理论重点关注市场经济中那些决定相对价格和资源配置的要素和机制。Debreu（1959）指出，一般均衡模型有着很强的逻辑性和精确性。然而，很多对于该理论的贡献关注私人物品和私有资源的分配。Mäler（1973）受到 Ayres 和 Kneese

（1969）的启发，把一般均衡模型推广到外部性和有公共物品特征的环境资源。

根据瓦尔拉斯的理论，满足下列条件的经济状态称为一般均衡状态：①每一个消费者都根据自己的预算约束选购自己认为最佳的商品组合，以实现自身效用的最大化，这种预算约束是由生产要素和商品的价格所决定；②在生产要素和商品价格一定的情况下，每一个消费者向生产部门提供的生产要素的数量，是由消费者自己决定的；③在生产技术和资源禀赋一定的条件下，每一个生产者按照成本利润最大化或者既定利润成本最小化的原则来进行生产决策，但长期利润为零；④在现有价格下，商品和要素市场上供需均衡。

构建和应用 CGE 模型不仅可以进行政策模拟和影响分析，而且可以提供政策优化组合，具有十分重要的现实意义。这种现实意义表现在：①提供一个标准形式的数据组织（如编制社会核算矩阵，即 SAM 表），可以检验统计信息的一致性和系统性；②提供定量估计相关政策影响的模型和范式，方便按规则进行政策影响的定量化估计而非仅仅定性化分析；③通过政策影响的模拟和分析，提供相应的政策工具和影响的数量界限，检验在制度分析基础上相关制度安排的有效性。

1.1.2　CGE 模型的发展历程

一般均衡理论提出后的近一个世纪里，相关领域的学者主要致力于一般均衡理论完善以及基于该理论建立的数学模型解的存在性、唯一性、最优性和稳定性问题的证明。一般均衡理论的存在性依赖于一定的经济背景和数学基础。然而，该理论具有的规范分析特性限制了一般均衡数学模型的建立和求解过程的实现。Hicks（1939）在其专著《价值与资本》中摈弃了瓦尔拉斯一般均衡的传统理论，并赋予其强大的经济实质，就商品、生产要素和货币的整体性提出了一个完整的均衡模型，进一步完善了原有的消费和生产理论，阐明了基于利润最大化假设的资本理论。Hicks 的模型为沟通一般均衡理论与现实经济系统做出了极重要贡献。

Leif Johansen 在论文 *A multi-sectoral study of economic growth* 中，展示了第一个真正意义上的 CGE 模型——挪威多部门增长模型，也就是后来被熟知的 MSG 模型。这个模型被用来预测长期经济动态及经济政策评估。模型的原初版本有 20 个生产部门及家庭部门组，公共消费、净投资及出口都是外生决定的。Johansen 将 MSG 模型作为投入产出模型的扩展版本，加入了价值增加生产函数公式和要素市场，并保持了固定产出系数。MSG 模型成为长期经济规划预测的核心工具，相当多的要素替代及能源需求被并入其中，现在的 MSG 版本经常被用于分析与能源利用及环境污染有关的问题（Alfsen et al.，1996）。ORANI 模型是一个详细刻画澳大利亚经济的 CGE 模型，也被看作是"Johansen 式模型"。

但是，由于早期的经济学家更多的关注一般均衡理论模型的研究以及计算机技术的限制，CGE 模型的应用发展较慢，直到 20 世纪 70 年代才开始得到蓬勃发展。而且早期的各国经济政策的分析重点在于经济中长期的均衡发展策略，线性的静态或动态投入产出模型已经满足当时政策分析的需要。后来，经济政策分析的重点转移到分配机制上，尤其是发展中国家对于如何解决经济成长后仍存在的分配与贫穷问题，以及一些突发性的经济事件，如能源价格的突然上涨等巨大的经济冲击的出现，也为 CGE 模型的应用提供了巨大的空间。典型的例子就是1973 年第一次石油危机时，绝大多数基于计量经济模型的预测失准。相对于投入产出模型和计量经济模型，CGE 模型在处理这些问题方面显得更有优势，因而开始快速发展。其中的原因除同计量经济模型相比，含有主体优化行为的 CGE 模型更适合模拟政策变化和外部冲击的影响以外，还有几个其他原因对 CGE 模型的应用迅速增长起到了重要作用：①传统的计量模型在处理 20 世纪 70 年代外部冲击方面的表现不佳；②需要更合适的供给来模拟外部政策（如税收和补贴）改变的影响；③社会核算矩阵（social accounting matrix，SAM）的引入使得在基础数据的组织方面取得了长足进步；④有效的数值求解算法和数值求解软件的发展。

舒伯特对于计算瓦尔拉斯一般均衡的算法对 CGE 模型的发展做出了重要贡献。使用舒伯特算法，Shoven 和 Whalley（1984）证明了税收的一般均衡存在及其求解步骤。与 Johansen 的 MSG 模型相对应，由 Scarf-Shoven 开发的模型充分建立在瓦尔拉斯一般均衡理论的基础之上。与此同时，一些其他研究，如 Adelman和 Robinson（1982）从线性优化问题出发，希望建立一个可以直接对一组非线性方程进行求解的 CGE 模型，就像 Scarf-Shoven 的预算法则一样采用微分近似的方法。对于很小的外生冲击，这两种方法的结果是等价的，但是要进行对数线性化有很高的固定成本，而且近年来计算技术发展很快，这样就使得对非线性模型进行直接求解成为主流方法。在这两个研究组的努力下，CGE 模型的发展朝气蓬勃，在三个主要政策研究领域（国际贸易、税收政策和经济发展）均取得了重要的进展（Whalley，1989；Henderson，1989，Robinson，1988，1989）。

对 CGE 模型的发展做出了贡献，在这些贡献中最独特的当属系统使用计量经济学方法进行模型参数估计。其他的多数 CGE 模型是利用校准技术进行供求参数估计，Jorgenson 的 CGE 模型则与之有很大不同。Jorgenson 对于计量一般均衡模型的发展起到了很大的作用。Jorgenson 对于 CGE 模型的推进从某种程度上说是结合了 Leif Johansen 传统和 Scarf-Shoven-Whalley 传统。在 Scarf-Shoven-Whalley

的静态模型中关注再分配效应，Jorgenson 的动态模型则关注不同税收政策的增长效应。

Ginsbuigh 和 Waelbroeck（1984）则发展了行为分析的 CGE 模型。即一般所称的行为分析一般均衡模型（activity general model），此类模型的建模基础源于线性规划模型，但是以分段线性化的凹效用函数来取代线性效用函数边际效用不变的假设。虽然有人认为求解数值可信度不高，但是此类模型在引进理性预期与阶段均衡的概念上，加入迭代模型（overlapping generations model）的设计，使得其动态化的工作成效优于其他类的 CGE 模型。

如果没有计算机及软件的迅速发展，CGE 模型就不会发展得如此迅猛。在早期阶段，CGE 模型缺乏有效的计算机计算能力，计算机输入对 CGE 模型的规模及特殊性有所限制，CGE 模型也缺乏有效的软件使数值求解方法无用武之地。程序代码是针对特定模型的，并不能被其他模型所用。而且，对于不确定性的参数估计及敏感性分析是需要耗费大量时间的。通用代数建模系统（general algebraic modeling system，GAMS）的出现使模型研究者从复杂的代码写作中解脱出来。模型求解的高效化为解决多部门的模型提供了可能，并向动态 CGE 模型迈出了第一步。同时，这也使得广泛的敏感性分析具有可行性。因此，CGE 模型的应用迅速扩大。GAMS 的出现和发展使解决涉及大规模部门的动态模型更加容易，使得 CGE 模型逐渐变成一个可利用的工具，并在经济领域大显身手。

1.1.3 CGE 模型的特点与分类

虽然对于 CGE 模型没有统一的定义，但 CGE 模型存在着共性，下面将对 CGE 模型的特点做简要的梳理（李善同和何建武，2009）。

（1）CGE 模型基于一般均衡理论，反映的是整个经济系统的均衡，既考虑到经济冲击的直接影响，又涵盖了经济系统中直接变化所带来的间接影响及反馈作用，更加确切地体现了经济系统的整体性。除生产者和居民外，模型还可以进一步包括政府、工会、资本创造者、进口和出口商等主体。这些个体都是实现其供给或者需求的最优化。

（2）CGE 模型建立在微观和宏观经济的理论基础上，通过明确的政策变量调整 CGE 模型的结构，更好地刻画政策调整对经济系统的影响和经济部门间的联系、作用及行为机制，从而很好地反映经济变量间的影响关系。而宏观经济的计量模型主要是基于统计学的历史经验预测未来，对历史数据的质量要求很高，缺乏系统的经济理论基础。

（3）CGE 模型明确设定了各经济的行为，在个体实现最优化时，各部门都是通过价格机制进行传导，因此很好地反映了价格对于资源配置的作用。例如，家庭的效用最大化、生产部门的利润最大化或者成本最小化，通过这些最优化假设，体现商品和要素价格在影响家庭消费和生产者决策中的作用。

（4）CGE 模型的核心是投入产出模型，是基于数值而建立的分析理论。所以，CGE 模型方法的突出特点是数值分析，并且在建模过程中对于数据类型及质量有着很高的要求。同时在模型处理过程中，对于 CGE 模型系数的数值选定也需要进行对比筛选。此外，CGE 模型是非线性的，而且通常伴有资源约束条件。

关于 CGE 模型的分类有多种不同的方法。根据 CGE 的建模方法，实际上也就是上节根据年代顺序介绍的 4 组模型，将 CGE 模型分为 4 类：Johansen（1960）的多部门成长模型（MSG 模型），Harberger-Scarf-Shoven-Whalley 方法（简称 H-S-S-W 模型），Jorgenson 的计量经济学方法，Ginsbuigh 和 Waelbroeck 行为分析 CGE 模型。从模型框架的角度，CGE 模型又可以分为三大派别：世界银行传统的"新古典主义结构" CGE 模型，耶鲁传统的以研究发达国家征税为主的 CGE 模型和麻省理工学院的"结构主义" CGE 模型。按照模型的模拟时期，CGE 模型可以被归为静态和动态两类。按照模型应用的区域，可以分为全球 CGE 模型、区域多国 CGE 模型、单国家模型、单区域模型和多区域模型（Bergman，1994；Bergman and Henrekson，2003）。

1.1.4 CGE 模型的应用

近年来，国际上在应用 CGE 模型进行政策分析、关于 CGE 模型的能力建设和培训方面进展迅速。其中比较有影响的，有世界银行等国际机构关于贸易政策、环境政策等方面的分析，如美国普渡大学的全球贸易分析项目（GTAP）、澳大利亚莫那什大学的 IMPACT 项目和比利时的 ECOMOD 项目在 CGE 模型方面的全球培训等。在中国，经济学界、政策机构在构建和应用 CGE 模型进行政策模拟方面也表现了空前的热情。环境保护部、国务院发展研究中心、中国社会科学院、国家发展和改革委员会、财政部、商务部、农业部等已经或正在研制自己问题导向的 CGE 模型。

五十多年以来，CGE 模型在应用经济学领域发挥越来越重要的作用。不同地区和国家根据具体国情已经建立了相应的 CGE 模型。关于 CGE 模型的应用领域，Devarajan 和 Robinson（2002）认为 CGE 模型在公共政策研究中主要用于贸易政策、公共财政（如税收）、结构调整、能源与环境和收入分配等问题。Ezaki（2006）认为 CGE 模型广泛应用于发展中国家和发达国家的贸易、税收、收入分配、结构调整和环境问题等。在财政政策分析方面，CGE 模型主要研究税收及补贴等政策制定的应用影响。Ballard 和 Fullerton（1995）用 CGE 模型进行系统分析，研究了公司税和个人所得税合并、累进消费税代替个人所得税、税率与政府收入的关系等问题。在收入分配等方面，CGE 模型常常研究外部政策变化对于收入分配等方面的影响，共有两类 CGE 模型：一是包括代表性居民的标准 CGE 模型，通过对比居民收入及福利的变化分析政策影响；二是基于 CGE 标准模型，引入能够反映收入及贫困的方差（Decaluwe et al.，1998）。Adelman 和 Robinson（1978），Taylor 和 Lysy（1979），Ahluwalia 和 Lysy（1981）等都以韩国、马来西亚等为对象，进行了收入分配相关政策的研究。王直等（1997）针对中国劳动力市场对美国农业出口的影响，构造了一个包含 12 个地区、14 个生产部门的动态 CGE 模型。最著名的 CGE 模型贸易政策是美国普渡大学在贸易政策分析方面的一些贸易理论，如 Heckscher-Ohlin 模型是以一般均衡理论为基础的，因而很容易应用于 CGE 模型。普渡大学开发的"全球贸易分析项目"（global trade analysis project，GTAP）模型，是世界上最大的贸易自由化 CGE 模型，拥有世界上最大规模的贸易数据库，不定期更新。

1.2　环境 CGE 模型的形成和分类

1.2.1　环境 CGE 模型的形成

环境系统和经济系统之间存在密切的关系。对于消费品的生产来说，生产过程需要环境提供物质资料和能源。经环境提供的物质资源和能源在生产和消费过程中得到转换，并且产生的副产品随后被排放到环境中。环境不仅是物质资料和能源的提供者，也是生产和消费过程中所产生废物和接受者，环境系统消纳经济活动所产生废物的环境容量是有限的，这个有限的环境容量限制了经济的增长。20 世纪 80 年代以来，全球气候变化、臭氧层破坏、环境污染、水土流失、生态破坏和生物多样性减少等环境问题日益突出。

在这种背景下，世界各国都开始寻求一种既能保持经济增长，又能削减污染排放的环境经济控制政策。一方面，众多环境政策被广泛采用，如环境标准、环境税、排污交易、碳减排等，这些环境政策的首要目标是减低污染排放，但却可能对价格、数量和经济结构产生影响；另一方面，经济行为的变化也会对环境系统产生影响，如贸易自由化和产业发展政策可能导致资源的重新分配和污染产业的转移。在这种背景下，CGE 模型不断被应用到环境政策的分析中。具体说来，环境 CGE 模型主要用于模拟环境与经济之间的互动影响，其中包括分析公共经济政策（如税收、政府开支等）对环境的影响，以及环境政策（如环境税收、补贴和污染控制等）对经济的影响。

20 世纪 70 年代，Hudson 和 Jorgenson（1975）就为分析能源政策设计了基于计量经济学的能源 CGE 模型。这是第一次为能源政策设计的大数据模型，主要为了分析 1973~1979 年石油价格飙升的经济影响。但是模型大部分是能源部门模型，而其余的经济体由外生的能源需求增长率所代表。但 Alan 和 Manne（1997）在其 ETA-MACRO 模型中，建了详细的能源科技进步评估模块与新古典主义经济部门相联系。

20 世纪 80 年代以来，环境 CGE 模型迅速发展，在环境学科方面的研究无论是在数量和质量上都有很大的突破。特别是 20 世纪 90 年代初以来，环境 CGE 模型的关注重点从能源供应问题转变为能源使用的外部效应（如化石能源使用带来的碳排放问题）和酸雨等环境污染问题。许多能源模型可以简单地被重新设计，用于二氧化碳及相关气候变化政策的分析。一些经济 CGE 模型也被改进用于分析气候变化、环境政策及资源管理分析。其中，较为著名的是 GREEN（general equilibrium environmental model）模型，它是由 OECD 秘书处所开发，并用作全球规模的气候调控政策的分析（Burniaux，1992）。Hazilla 和 Kopp（1990）利用美国多部门的 CGE 模型，估计了环境质量法规的社会成本。Bergman（1990）利用瑞典多部门的 CGE 模型，估计了停止核能利用的社会成本。

1.2.2　环境 CGE 模型需要解决的主要问题

环境 CGE 建模是一项很重要的任务，它将遇见许多复杂的问题。

（1）污染排放和减排活动的处理。在一些环境 CGE 模型中，污染排放和生产投入间存在替代关系。一般来说，如果一项或者多项投入有所变化，每单位污染物排放也将会变化，向环境中排放污染物可以被看作生产过程中的一项输入。因此，我们可以通过估计环境排放及其他投入因子间的替代弹性来设计环境 CGE 模型。另外一些环境 CGE 模型还对减排活动进行适当的处理。这些环境 CGE 模型主要通过设置专门的减排部门为有减排义务的工业部门提供减排服务。减排活动水平取决于经济激励和环境政策严格程度，以使得减排边际成本小于或者等于生产者和消费者的边际排放成本。污染排放和减排活动之间可以存在替代关系，使生产者在减排和排放之间选择最小化的环境措施组合。

（2）污染排放的累积问题。许多环境 CGE 模型阐述了气候变化的诸多方面及酸雨政策，气候变化及酸雨等问题往往源于化石能源使用所产生的排放问题。在许多情况下，环境损害取决于污染累积，而不只是当期排放的污染物。而且，污染物的积累计算存在较大的时间滞后，尤其是在气候变化的问题上，污染物的排放及所引起的环境影响都是累积造成的。因此，模型应该对能源的供求进行解释，应该包括详细的能源政策，如能源补贴及能源利用结构，并给出化石能源与多种污染物排放之间的关系以及详细的处理措施。

（3）环境政策的时间跨度与技术进步问题。尽管在环境税或贸易政策中，时间跨度是 10 年或 20 年，而在气候变化政策领域的时间跨度则为数十年或者近一两个世纪。在这些时间跨度中，模型需要考虑潜在的新技术进步影响。在多数环境 CGE 模型中，技术变化是外生因素，也就是全要素生产率的增函数。在用于能源或环境政策分析的 CGE 模型中，常常假设"能源效率进步因子"和"环境效率进步因子"。这些效率因子假设是外生变量，其数值的假设将对整个建模结果产生显著影响。Goulder 和 Schneider（1999）介绍了在 CGE 模型中引入研发服务市场，使技术进步成为内生过程。

（4）环境效益的价值评估问题。在 CGE 模型中，环境政策的目的是取得更好的环境质量，但环境质量往往不是由经济价值表征的。CGE 模型在对环境政策的成本效益进行分析时，需要建立环境模块量化污染物减少带来的环境效益，并转化为可货币化价值。为了构建"效益函数"，需要将其分为两个函数关系。第一个就是物理损害函数，将排放和其他生产消费的环境影响转化为物理量表达的环境质量下降或者改进。第二个是定义环境损害或改进的价值，以货币单位表示。环境模块可以包括反馈机制，通过影响生产力及环境服务的供给来计量环境改善或退化。在环境 CGE 模型中，环境质量的变化将直接通过个体消费方程影响福利。对于清洁的空气和水，环境服务可以被看作是公共物品，估值需要建立在对于环境服务的支付意愿或者替代市场价格上。

1.2.3 基于建模方法的环境 CGE 模型分类

与传统 CGE 模型不同的是，环境 CGE 模型为描述环境与经济系统的相互联系、核算经济活动的环境成本，在生产模块加入了自然禀赋要素及其生产者行为方程。自然禀赋要素本质上属于初级要素，在生产结构中表现为"资源束"，是生产者应当支付给大自然而实际未支付的环境红利（高颖和李善同，2008）；而经济活动的环境成本则通常是通过生产过程中所补偿的因污染排放而造成的环境损失来体现。一般情况下，环境 CGE 模型是将污染后果内生于生产或效用函数中，进而分析和评估公共经济政策和环境政策的实施所带来的影响。根据污染活动被纳入环境 CGE 模型的方式不同，模型可被分成以下四类（黄英娜和王学军，2002）。

（1）应用扩展型。在标准 CGE 模型的基础上另外增加一个外生的环境处理模块，它是对传统模型进行简单扩展。这类模型通过在供给和需求部分分别运用每单位部门产出和中间投入所对应的固定污染系数，估算污染排放量，或者在不改变模型结构的情况下，外生改变与环境管制相关的价格和税收，从而模拟政策实施的结果。

（2）环境反馈型。即在经济系统中引入环境反馈，或者在生产函数中设定污染控制成本，或者对生产的设定进一步扩展考虑环境质量对产出的影响。例如，Jorgenson 等（1990）在生产函数中考虑污染控制成本的计量；Bergman（1991）在效用函数中考虑环境的影响；Gruver 等（1994）在生产函数设定中考虑环境质量对生产率的影响。简单而言，这类模型主要探讨环境污染对生产及消费方面的影响。

（3）函数扩张型。在模型中修正生产和消费函数，并且在生产函数中引入污染削减生产函数。其中比较有代表性的是 Nestor 等（1995）在传统的投入产出分析中增加了环境污染税和污染控制处理流程，模拟了削减税率对德国经济的影响和动态大气污染削减过程。

（4）结构衍生型。对传统 CGE 模型进行改造，在一般均衡模型中增设污染治理部门，并且假设增加的治理部门与生产部门具有相同的运作方式。典型的代表如 Xie 和 Saltzman（2000）推出的模型。在该模型中，除了生产和消费部门，还另外增设了一个污染削减部门。一旦污染发生，生产部门的生产商将基于新的成本和包容污染后果的新生产函数调整产出水平，消费部门的家庭将重新做出消费选择；在污染削减部门中，污染清除被视为一种特殊的商品，由污染者为降低其污染排放水平而按照一定的价格购买，清除污染的价值成为该部门的实际产出值。该部门的产出水平与生产部门相同，价格由市场决定。

1.3　CGE 模型在环境政策领域的应用

1.3.1　CGE 模型在污染控制政策领域的应用

环境 CGE 模型的一个重要应用就是评估各种环境政策对经济系统的影响。CGE 模型在环境经济研究中主要对命令控制型政策和以市场为主体的经济政策进行分析。现在很多环境 CGE 模型都已经同时包括了这两类政策属性。Dufournaud 等（1988）最先将污染排放和治理行为引入 CGE 模型构建了环境 CGE 模型。在模型中，生产部门的排放行为用固定的污染排放系数来刻画，治理部门的行为主要通过政府对该部门的支付来实现。Robinson（1990）开发的环境 CGE 模型简化了生产模块的处理，直接将污染排放和治理作为一种公共物品引入效用函数。该模型的最大贡献在于证明了在经济最优框架下纳入环境问题的可行性。Bruvoll 等（1999）建立 DREAM（dynamic resource environment applied model）模型，将经济系统和环境系统整合在一个协同的一般均衡系统中，并引入环境的反馈机制，从而可以研究环境退化对要素生产率和居民福利的影响。Bergman（1993）为评估瑞典空气污染治理政策的效果，构造了一个开放经济条件下的 7 部门静态环境CGE 模型。模型假设中央减排部门通过向其他生产部门出售治理服务实现污染减排，治理服务的价格相当于边际减排成本。模型假定存在排污权交易市场，排污者购买排污许可证的成本将纳入生产函数，政策目标设定为控制污染物的最大总排放量。模型的分析结果表明，排污与减排行为具有一般均衡效应。Dellink 等（2004）、Dellink（2005）、Dellink 和 Van Ierland（2006）采用动态一般均衡模型来分析荷兰削减主要污染物的减排政策对经济的影响。该模型引入了各主要污染物削减的成本曲线，作为动态 CGE 模型的输入信息。秦昌波等（2011）进一步拓展了 Dellink 的模型，将模型中由单一环境治理部门负责处理多种污染物分解为多个环境治理部门，为相应污染物提供处理服务，并系统分析了中国的水污染物总量削减目标和排污交易政策对经济的影响。

在对该问题进行分析时，有两类环境 CGE 模型——基于全国及基于区域的模型。金艳鸣等（2008）基于 2002 年全国、广东和贵州的 3 种区域绿色社会核算矩阵，构建了区域资源—经济—环境可计算一般均衡模型（REECGE），研究结果表明征收碳税等污染税的效果将好于能源税，并且如果实施统一的环境税，将对地区发展不平衡造成很大影响。Xie（1996）利用一个包含 7 个生产部门和 3个污染治理部门的静态 CGE 模型分析了中国污染税费及治理补贴政策的环境效应和经济影响，同时还评估了实现中国工业废水处理率达到 80% 这一规划目标的经济影响。O'Ryan 等（2005）建立了用于智利燃料税研究的环境 CGE 模型。该模型允许两种形式的闭合选择：一是政府储蓄固定等于模拟前的初始水平，通过税收或转移支付调整到预期财政目标；二是税收和转移支付固定，政府储蓄可变。O'Ryan 等基于第二种闭合方式，在假设燃料税增加一倍的情景下对智利的环境和经济影响进行了模拟。研究结果显示，在该环境政策的执行下，消费、生产、贸易和国内生产总值（GDP）都将产生负面影响，受益的是一些提供可供选择产品的部门（如电力部门等），同时对二氧化碳减排有一定效果。

众多学者在应用 CGE 模型分析环境政策时，致力于求证不同环境政策实施方式"双重红利"的存在问题。排放税所产生的收入可以用来减少扭曲性税收，从而产生除减少排放所获得的环境效益以外的其他效益，这个想法已经在一些国家有关环境政策中得到了广泛的讨论。双重红利的问题给出了 CGE 建模的一个理想情况。它不是研究未考虑税收体制情况下的环境税影响，而是研究在具有广泛扭曲性税收体系下的问题。因此，强双重红利的存在，不仅取决于环境税与其他税种如何相互作用，还取决于税收收入如何支出。Bovenberg 和 Mooij（1994）在使用静态 CGE 模型时表示，只有当劳动供给函数向后弯曲时，强双重红利才是可能的。在此研究结果的基础上，他们的结论是强双重红利不存在相关弹性参数的实际值。然而，静态模型不能很好地适用于投资分析和资本税。因此，在这种情况下，可以利用动态 CGE 模型进行双重红利问题的分析。Jorgenson 和 Wilcoxen（1993）在使用动态模型时发现，当来源于环境税的税收收入用来降低资本税时，强双重红利才能够存在。同时，如果收入被用来降低劳动税时，就没有强双重红利。与 Jorgenson 和 Wilcoxen（1993）的结果相比，Bye（2000）通过使用挪威经济的动态模型，发现增加的环境税和减少的劳动收入税之间的中性交换是会增加福利的。然而，Böhringer 和 Pahlke（1997），也采用了动态模型，却没有发现强双重红利。因此，从 CGE 模型分析中，强双重红利的存在既不能被视为理所当然，也不能被完全排除。

1.3.2 CGE 模型在能源和气候变化政策领域的应用

CGE 模型在环境经济研究中最广泛的应用就是气候变化政策分析，这也是目前能源与环境领域的热点之一。《京都议定书》创造了利用 CGE 模型分析能源和气候变化政策的动力。GREEN 是较早应用于全球气候变化分析的 CGE 模型，麻省理工学院全球变化联合研究项目开发的 MIT-EPPA 就是 GREEN 的升级和扩展版本。McKibbin 等学者还创造了 G-Cubed 模型，用于研究不同国家在《京都议定书》指导下的二氧化碳减排问题。根据《京都议定书》，附件 I 的国家，如高收入的 OECD 国家，应该开始带头减少他们的二氧化碳排放。这项政策的可能效应是"碳泄漏"，如碳排放从减排义务国家转移到非减排义务国家，全球环境 CGE 模型对于评估"碳泄漏"的情况是一种有效工具。Pezzey（1992）利用 WW 模型估计欧盟及 OECD 国家二氧化碳减排政策的单方面泄漏效应。假设排放目标是在 1990 年基线水平下降 20%，泄漏将会是 70%。McKibbin 和 Wilcoxen（1995）根据《京都议定书》原件，研究了附件 I 国家减排情况，并发现泄漏效应是 6%。而 GREEN 分析中，OECD 国家在 1990 年二氧化碳减排水平下，泄漏效应仅为 3.5%。

魏巍贤（2009）构建存在环境反馈机制的能源—经济—环境（3E）CGE 模型，分析能源环境政策对中国节能减排的影响，认为征收化石能源从价资源税是节能减排的一个有效途径，但由于其对宏观经济也将造成较大负面影响，其征收必须结合各种补贴形式，同时建立一个合理透明的能源价格机制。

1.3.3　CGE 模型在水资源政策领域的应用

　　水资源 CGE 模型就是将水资源纳入到 CGE 模型中，评估水资源作为一种生产必需要素在社会经济各部门中发挥的效用，清晰地体现出水资源与社会经济、资源环境间的联动关系。Decaluwe（1999）以摩洛哥为研究区，在 CGE 模型中内置了水管理部门，负责水的生产、分配和销售，评估了不同水价调控政策对各产业部门的影响。沈大军等（1999）以邯郸市为例，计算了供水情况改变下各个部门产出的增加值，核算出单位用水量在不同产业部门中的边际价格。赵博和倪虹珍（2005）以北京市投入产出表和《水资源公报》为数据基础，利用 GEMPACK 软件构建了北京市水资源 CGE 模型，分析了北京市水价变动对经济社会的影响，得到了水价增长 10% 对经济发展影响较小的结论，揭示出水资源价值被低估的本质问题。Smajgl（2006）利用概念性的 CGE 模型和虚构的类实际数据，研究了澳大利亚水价改革对灌区农户的甘蔗种植和制糖工业的影响。Hatano（2006）针对我国黄河流域，利用水资源 CGE 模型对水权交易与水资源利用效率之间的关系进行了评估。

1.3.4　CGE 模型在资源管理分析中的应用

　　由于发展中国家比发达国家更加依靠自然资源，因此，很多自然资源管理的 CGE 模型被应用于发展中国家的资源管理政策分析。Devarajan（1988）对经济很大程度上依赖有限资源的发展中国家，使用 CGE 模型必须应对的问题进行了探究。在自然资源政策分析中，有三个问题值得关注：①自然资源被视为一个从输入到生产的因素；②从"荷兰病"的角度来看，自然资源被视为对经济的收入来源；③分析集中于资源的可耗竭性和资源的跨期分配问题。大多数发展中国家的 CGE 模型往往集中在污染问题或资源的过度开发问题。最近一个详细的自然资源模型是 Abler 等（1999）在 Costa Rica 模型中纳入了 8 种不同的环境问题，包括森林砍伐度、过度捕捞度等，环境指标实际上被视为公共物品。Persson 和 Munasinghe（1995）使用 Costa Rica 模型分析森林砍伐问题。CGE 模型关注自然资源管理问题的另外一个例子是 Unemo（1995），研究了博茨瓦纳政府制定的政策所带来意料外的负面影响。

第2章 中国环境经济一般均衡分析系统——GREAT-E模型

GREAT-E模型作为一个典型的环境CGE模型,其对经济系统的描述继承了传统CGE模型的主要功能。但是GREAT-E模型所描述的不仅仅是某一经济部门或经济主体的行为,而是含有资源环境要素以及环境污染治理活动的整个资源-环境-经济系统的运行情况。本章在介绍传统标准CGE模型基本构成及其函数形式的基础上,概要描述GREAT-E模型的功能模块及其使用的主要方程体系。

2.1 标准 CGE 模型结构及其函数形式

环境CGE模型是在标准CGE模型的基础上扩展而来的,其使用的生产函数和方程体系往往也是标准CGE模型所使用的。一个标准的CGE模型所涉及的关键方法主要包括生产函数、生产要素供给方程、贸易方程、收入支出方程以及优化条件方程等,这些方程按形式可分为描述性方程与最优化方程。为了帮助读者更好地理解环境CGE模型的建模过程,根据郑玉歆和樊明太(1999)、段志刚(2004)、庞军(2005)、王其文和高颖(2008)、赵永和王劲峰(2008)、李善同等(2009)、李善同和何建武(2010)、王铮等(2011)等相关研究,本书对标准CGE模型的基本方程体系及主要函数做简单介绍。

2.1.1 标准 CGE 模型的基本方程体系

1. 供给方程

CGE模型建模的第一步,需要把国民经济全部部门无一遗漏地分为 n 个部门。在最简单情况下,可以分为1个部门。CGE模型假设在每一个生产部门有一个竞争性企业,并且每个企业生产一种商品或服务。每个生产部门通过使用由符合商品构成的中间投入、劳动力和资本等要素投入,生产出内销或出口的商品或服务。在生产的过程中,生产部门不是价格决策者而是价格的接受者,因此生产部门必须在一定的技术条件下,按照既定成本利润最大或者既定利润成本最小的原则来进行生产决策。决策在生产可能性边界约束下,按利润最大原则确定该部门产出中用于内销和出口的相对份额构成。在规模不变的假设下，各部门的总产出不能由生产者决定，而是由均衡条件决定，即生产者需要进行投入决策，要在该部门总的均衡条件决定的条件下，选择中间投入和要素有效投入水平，使生产成本最小化。

在许多 CGE 模型中，企业生产一般都使用新古典生产函数，被表达为所使用要素的产出函数，即

$$X_i = f_i(A_i, \ K_i^d, \ L_i^d) \tag{2-1}$$

式中，X_i 为 i 部门总产出；A_i 为代表生产技术水平的参数；K_i 和 L_i 分别为企业生产中所使用的资本和劳动力数量。

2. 要素供给与需求方程

在 CGE 模型中，假设企业追求生产成本最小化（或对偶的利润最大化），这意味着企业会将通过调整生产要素的组合，使其边际成本达到商品价格水平上，即对各种要素的边际替代率 MRS 等于各种要素的价格相对比。

劳动力的需求是在企业的优化条件下得到的，即企业所需要的劳动力的边际增加值等于劳动率的工资水平。同理，资本的边际增加值应该等于资金的租金率。由此可以得到劳动力和资本的最优生产条件下的最优使用量（L_i^d 和 K_i^d）分别为

$$L_i^d = f_i^l(R_i, \ W_i) \tag{2-2}$$

$$K_i^d = f_i^k(R_i, \ W_i) \tag{2-3}$$

这意味着企业的最优化生产中，对劳动力和资本的需求分别为各要素相对价格（W_i 为劳动力工资水平，R_i 为资本回报率）的函数。

在 CGE 模型中，劳动力的供给和需求涉及不同的闭合条件。在中国，多数情况下适合采用凯恩斯假设：劳动力的供给是充足的，即就业是不充分的，在既定工资水平下，劳动力的供给是无限的。劳动力的供给总量在模型中设定为一个固定的值，劳动力的供给总量（$\bar{L}^s$）由城市的劳动力供给量（L_u^s）和农村的劳动力供给量（L_r^s）加和构成，由此可以得到

$$\bar{L}^s = L_u^s + L_r^s \tag{2-4}$$

3. 收入形成和需求方程

CGE 模型允许假设存在不同的需求和消费人群，这些人群具有不同的需求行为。例如，中国 CGE 模型中通常假设具有不同特征（收入、消费、投资等）的城镇居民家庭组和农村居民家庭组。这些家庭组的消费需求是由复合商品构成

的，基于预算约束和效用最大化原则决定。除了家庭消费，其他人群存在消费，这些人群的最终需求通常包括政府消费、公共和私人投资需求。

在通常的宏观经济研究中，CGE 模型中的需求包括居民需求、政府需求和投资需求三个部分，他们分别是各自收入和支出函数。其中各自的收入分别为在生产过程中依据各自要素禀赋获得。

居民收入方程为

$$Y^h = \sum \left[W_i L_i^d (1 - t^h) + R_i K_i^d (1 - t^k) \right] \tag{2-5}$$

式中，Y^h 为居民收入；t^h 为居民所得的税率；t^k 为资本所得税率。

政府收入方程为

$$GR = \sum_i W_i L_i^d t^h + R_i K_i^d t^k \tag{2-6}$$

式中，GR 为政府收入。

同时，假设政府收入和居民收入中的一定份额用于储蓄，除去储蓄后，居民收入和政府收入分别用于支付消费。居民储蓄、政府储蓄再加上贸易盈余（或逆差）构成总储蓄。在新古典经济学中，总储蓄全部转化为投资，构成对商品的投资需求。因此各部分商品需求分别为

$$C_i^h = f_i^h (P_1, \cdots, P_n, (1 - \mu_h^s) Y_h) \tag{2-7}$$

$$C_i^g = f_i^g (P_1, \cdots, P_2, (1 - \mu_h^g) GR) \tag{2-8}$$

$$C_i^I = f_i^I (P_1, \cdots, P_n, I) \tag{2-9}$$

式中，C_i^h，C_i^g 和 C_i^I 分别为居民消费、政府消费和投资需求。它们分别是各自收入与全部商品消费价格向量 P_n 的函数。于是总的商品需求函数（C_i^D）为

$$C_i^D = f_i^h (P_1, \cdots, P_n, (1 - \mu_h^s) Y_h) + f_i^g (P_1, \cdots, P_n, (1 - \mu_g^s) GR) + f_i^I (P_1, \cdots, P_n, I) \tag{2-10}$$

城镇居民和农村居民的效用函数通常用不同的 Stone-Geary 效用函数来描述，允许不同复合商品之间的不完全替代，居民在总消费预算约束的条件下最大化其效用。CGE 模型中常见的需求函数有线性支持系统（linear expenditure system，LES）、扩展的线性支持系统（extended linear expenditure system，ELES）、几乎理想的需求系统（almost ideal demand system，AIDS）及超越对数函数的间接效用函数等。这些需求函数都是由一定形式的效用函数并满足消费者的效用最大化条件推导出来的，具体的推导过程将在下节中详细讲述。

4. 对外贸易方程

在现实经济中，几乎不存在完全封闭的经济，所有的国家和地区都参与区外

的经济活动。在开放型 CGE 模型中，对外贸易需要确定的包括进、出口商品的供给与需求。CGE 中一般采用"小国假设"来刻画国际贸易，因此，国际市场价格为外生设定。

国外对出口商品的需求，以及居民对进口商品的需求是依据商品的国内价格与国际市场价格进行确定，即出口商品以及进口商品需求均为商品的国内价格与国际市场价格的函数：

$$E_i^d = f_i^{ed}(P_i^d, \ \overline{P_i^w}) \tag{2-11}$$

$$M_i = f_i^m(P_i^d, \ \overline{P_i^w}) \tag{2-12}$$

式中，E_i^d 和 M_i 分别为商品出口需求和进口商品需求；P_i^d 和 $\overline{P_i^w}$ 分别为商品的国内市场价格和外生的国际市场价格。

CGE 中一般假设出口供给商品均为国内产出，它实际也是商品的国内市场价格与国际市场价格之间的函数，即

$$E_i^s = f_i^{es}(P_i^d, \ \overline{P_i^w}, \ X_i) \tag{2-13}$$

国内产出除去对外出口，剩余的为对国内供给部分，它间接的也为商品的国内价格、国际市场价格、总产出的函数。

$$X_i^d = X_i - E_i^s = f_i^{es}(P_i^d, \ \overline{P_i^w}, \ X_i) \tag{2-14}$$

于是国内商品的总供给 C_i^s 为进口商品以及产出国内供给之和，即

$$C_i^s = X_i^d + M_i \tag{2-15}$$

在区域 CGE 模型研究中，对外贸易涵盖两种同时进行但又不完全相同的对外贸易——国际贸易、与区域外国内其他地区的商品和服务调入调出。而在多区域 CGE 模型中，往往还要包括研究区之间的区际贸易。

5. 市场均衡方程

市场均衡包括商品市场均衡、要素市场均衡以及贸易均衡。

$$C_i^D = C_i^S \tag{2-16}$$

$$E_i^s = E_i^d \tag{2-17}$$

$$\sum_i L_i^d = \overline{L^S} \tag{2-18}$$

$$\sum_i K_i^d = \overline{K^S} \tag{2-19}$$

式中，$\overline{L^S}$ 和 $\overline{K^S}$ 分别为社会总劳动力供给和总资本存量。上述 4 个均衡方程分别决定模型中商品和要素市场均衡价格——P_i，P_i^d，R_i，W_i。

除了均衡方程之外，CGE 模型中的贸易平衡和储蓄投资均衡还需要两个闭合方程，即

$$S = (1 - \mu_h^s) Y_h + (1 - \mu_g^s) GR + S^f \qquad (2\text{-}20)$$

$$I = S \qquad (2\text{-}21)$$

$$S^f = \sum_i (\overline{P}_i^w M_i^d - P_i^w E_I^d) \qquad (2\text{-}22)$$

式中，S 和 I 分别为总储蓄和总投资；S^f 为外汇结余。

实际应用的 CGE 模型，基本原理框架与上述标准 CGE 模型相似，但根据应用分析的需要，会对上述标准 CGE 模型作一些变化。一方面，对模型中的行为主体作进一步的细分，如对生产部门、居民类型、政府收入来源等作深层刻画等；另一方面，将上述抽象的函数形式采用更为具体的函数形式，以表达满足不同经济主体在经济中的生产、消费和投资等微观假设行为，如 Cobb-Douglas 生产函数、常替代弹性（constant elasticity of substitution，CES）生产函数，以及两层或多层嵌套的 CES 生产函数、超越对数生产函数（trans-log production function）等。而对于中间品的投入来说，通常假设其相互作用之间不存在任何替代关系，采用 Leontief 生产函数描述其投入产出关系（Leontief，1980）。选择这些方程的原因主要有：第一，经过多年计量经济统计实践的结果已表明，这些方程与实际情况的拟合程度很高，可以描述经济系统的基本情况；第二，在经济理论中使用最多的也是这些方程，直接使用这些方程将对建模和均衡解的分析带来很多方便。经过对标准 CGE 模型的框架按照实际需要刻画后，CGE 模型即可从典型化（stylized）向应用型（applied）过渡。

2.1.2 CGE 模型常用的基本函数形式

一个实际应用的 CGE 模型中所使用的方程形式不是任意确定的，而往往是从一些特定的方程中选取的，其中主要涉及生产函数和消费函数的形式。函数形式的选择取决于理论上的合理性和分析上的易处理性。一方面，CGE 模型中的函数形式还要满足一般均衡的限制，如市场出清就构成了一些守恒约束方程；另一方面，在处理模型的重要参数时，函数形式的方便性往往与方程的准确性一起被考虑。在 CGE 模型中，经常使用的函数形式包括 Cobb-Douglas 生产函数，常替代弹性生产函数、超越对数生产函数、线性支出系统、扩展的线性支出系统、几乎理想的需求系统、政府需求函数、投资需求函数等。在实际建模中，出于模型求解速度的考虑，一般模型并不直接采用这些函数的直接表达形式，而仅写出这些函数所推导得出的最优化形式解。下面讨论这些函数的推导。

1. CES 函数及其推导

CES 函数是一般 CGE 模型中最常采用的一种生产函数形式。它的标准形式为

$$V = A\Big[\sum_{i=1}^{n} a_i(\lambda_i X_i)^\rho\Big]^{\frac{1}{\rho}} \tag{2-23}$$

CES 生产函数在 CGE 模型中经常被用于描述生产技术水平、消费者需求和要素合成方面。下面以生产为例，描述 CES 生产函数在 CGE 模型中的作用。假设生产者作为价格的接受者，在生产技术水平一定的条件下，通过最小化其投入成本来实现其生产成本最小目标。于是，上述生产者的问题可以表示成如下的规划问题：

$$\min \sum_{i=1}^{n} P_i X_i \tag{2-24}$$

$$\text{s. t.} \quad Q = A\Big[\sum_{i=1}^{n} a_i(\gamma_i X_i)^\rho\Big]^{\frac{1}{\rho}} \tag{2-25}$$

式中，X_i 为生产投入；P_i 为各生产投入的价格；Q 为 CES 生产函数表示的部门产出；ρ 为 CES 指数，即生产投入间的替代弹性；a_i 为投入品 X_i 的份额参数；A 为所有生产投入的技术参数；γ_i 为各生产投入的效率参数。

采用 Lagrangian 法求解上述最优规划问题，可得

$$L = \sum_i P_i X_i + \lambda\Big\{Q - A\Big[\sum_i a_i(\gamma_i X_i)^\rho\Big]^{\frac{1}{\rho}}\Big\} \tag{2-26}$$

式中，λ 为约束条件的 Lagrangian 因子，同时也是约束条件的影子价格。分别对 X_i 和 λ 求导，并令各等式为零，一阶条件可表达为

$$\begin{cases} \dfrac{\partial L}{\partial X_i} = P_i - \lambda A \alpha_i \Big[\sum_i \alpha_i(\lambda_i X_i)^\rho\Big]^{\frac{1-\rho}{\rho}} X_i^{\rho-1} = 0 \\[3mm] \dfrac{\partial L}{\partial X_i} = Q - A\Big[\sum_i \alpha_i(\lambda_i X_i)^\rho\Big]^{\frac{1}{\rho}} = 0 \end{cases} \tag{2-27}$$

求解式（2-27），并对其中份额参数 α_i 和效率参数 γ_i 合并，令 $c_i = a_i\,(A\gamma_i)^\rho$，由此可得

$$X_i = \Big[\frac{\lambda c_i}{P_i}\Big]^{\frac{1}{\rho}} \tag{2-28}$$

$$Q = \Big[\sum_i c_i X_i^\rho\Big]^{\frac{1}{\rho}} \tag{2-29}$$

令 $\sigma = \dfrac{1}{1-\rho} \Leftrightarrow \rho = \dfrac{\sigma-1}{\sigma}$，将式（2-28）代入式（2-29），并作适当变形后可得

$$\lambda = \left[\sum_i c_i^\rho P_i^{1-\rho} \right]^{\frac{1}{1-\sigma}} = \left[\sum_i \alpha_i^\sigma \left(\frac{P_i}{A\gamma_i} \right)^{1-\sigma} \right]^{\frac{1}{1-\sigma}} = \frac{1}{A} \left[\sum_i \alpha_i^\sigma \left(\frac{P_i}{\gamma_i} \right)^{1-\sigma} \right]^{\frac{1}{1-\sigma}} \quad (2-30)$$

式（2-30）的 Lagrangian 因子即为约束函数 Q 的影子价格，也称 CES 生产函数的对偶价格，令 $P = \lambda$，将此式重新代入式（2-28），于是得出最终生产过程中对各种投入要素的需求量：

$$X_i = (A\gamma_i)^{\sigma-1} \alpha_i^\sigma \left(\frac{P}{P_i} \right) Q \quad (2-31)$$

式（2-30）和式（2-31）即为式（2-24）和式（2-25）表示的规划问题的最优解。它表示在给定的各投入价格 P_i 和生产技术水平下，单位产出的价格 P 和对各种投入的需求 X_i。在实际应用中，A 大多数被假设为 1，且份额参数上的指数通常被合并到初始的份额参数中，则式（2-30）和式（2-31）可表示为如下式所示：

$$P = \left[\sum_i \alpha_i \left(\frac{P_i}{\gamma_i} \right)^{1-\sigma} \right]^{\frac{1}{1-\sigma}} \quad (2-32)$$

$$X_i = \alpha_i \lambda_i^{\sigma-1} \left(\frac{P}{P_i} \right)^\sigma V \quad (2-33)$$

式中，$\alpha_i = \alpha_i^\sigma \Leftrightarrow \alpha_i = \alpha_i^{1/\sigma}$。式（2-32）定义了 CES 的对偶价格，它是以各生产投入的份额参数和效率因子为权重的聚合。

CES 生产函数描述生产的优点在于它所表达的各投入的需求是总产出的一个固定份额，并通过各投入间的相对价格（相对于投入的合成价格而言）加以调整。因此，当一种投入的价格上升，则对该投入的需求将会减少。需求减少的幅度取决于投入间的替代弹性。当替代弹性为 0 时，投入需求是产出的一个固定系数，而与相对价格无关。这时 CES 生产函数蜕变为 Leontief 函数，当 $\sigma = 1$ 时，则方程变为 Cobb-Douglas 函数。

2. 常转换弹性函数及其推导

常转换弹性（constant elasticity of transformation，CET）函数在形式上与 CES 函数很相似，它经常被用于表示在给定价格下，如何分配有限资源，以获得最大化收益的问题。如在 CGE 模型中，生产者在产出后，将面临如何在不同的市场（如国内和国际市场）上分配销售，以达到销售最大化目的。采用 CET 函数可以表述为如下的规划问题：

$$\max \sum_{i=1}^n P_i X_i \quad (2-34)$$

$$\text{s. t.} \quad Q = \Big[\sum_{i=1}^{n} g_i X_i^{\nu} \Big]^{\frac{1}{\nu}}$$

式中，Q 为市场总供给量；X_i 为商品以价格 P_i 对 i 市场的供给量；g_i 为市场 i 的供给份额参数；ν 为 CET 指数。同样采取类似上述 CES 的 Lagrangian 求解推导方法，可以得到

$$P = \Big[\sum_i \gamma_i P_i^{1+\omega} \Big]^{\frac{1}{1+\omega}} \tag{2-35}$$

$$X_i = \gamma_i \left(\frac{P_i}{P} \right)^{\omega} Q \tag{2-36}$$

类似于 CES，上式中的 $\omega = \dfrac{1}{\nu - 1} \Leftrightarrow \nu = \dfrac{\omega + 1}{\omega}$，且 $\omega > 0$，$\gamma_i = g_i^{-\omega} \Leftrightarrow g_i = \gamma_i^{\frac{1}{\omega}}$，其中 ω 是转换弹性。式（2-35）和式（2-36）即为规划问题式（2-34）的最优解。

3. 线性支出函数及其推导

线性支出函数（linear expenditure system，LES）是在 Cobb-Douglas 效用函数的基础上推导而来。在 CGE 模型中，它常被用于表示政府或投资的消费需求。例如，假设消费主体在总收入一定的条件下，将通过对各种商品的消费来获得效用最大化。如消费主体的效用函数为 Cobb-Douglas 函数时，上述的消费问题同样可以表示成如下的规划问题：

$$\max U^h = A \prod_i \left(\gamma_i^h C_i^h \right) \alpha_i^h$$

$$\text{s. t.} \quad \sum_i \gamma_i^h C_i^h = V^h$$

$$\sum_i \alpha_i^h = 1 \tag{2-37}$$

式中，U_h 为居民效用；C_i^h 为家庭组 h 对商品的需求量；α_i^h 为消费份额参数；V^h 为家庭组 h 的总消费支出；A 为技术效率。对目标函数取对数后，采用 Lagrangian 法求解可得出上述问题的最优解：

$$C_i^h = \alpha_i^h \left(\frac{P}{P_i} \right) V^h \tag{2-38}$$

$$P = A^{-1} \prod_i \left(\frac{P_i}{\alpha_i^h \gamma_i^h} \right)^{\alpha_i^h} \tag{2-39}$$

式中，P 为商品消费的物价总指数。式（2-38）表示，LES 中对各种商品的消费实际是一个总消费的固定份额，该份额等于商品价格总指数与各商品价格的比例再乘以商品消费效用系数。

4. 扩展的线性支出函数及其推导

LES 函数的一个理论逻辑不足是：假定总支出是外生的，这是不妥的。因为消费者通常的行为不是先确定总支出再购买商品，而是购买决定了总支出。因此，Lluch 等（1977）提出了扩展的线性支出系统（extended linear expenditure system，ELES），即用收入替代 LES 模型中的总支出，用边际消费倾向代替边际预算份额，其方程如下：

$$P_i C_i^h = P_i \gamma_i^h + \beta_i^h (Y^h - \sum_j^n P_j \gamma_j^h), 0 < \beta_i^h < 1, \sum_i \beta_i^h < 1 \qquad (2-40)$$

式中，C_i^h 为家庭组 h 对商品 i 的需求量；γ_i^h 为家庭组 h 对商品 i 的基本需求量；β_i^h 为家庭组 h 在满足基本需求量后用于第 i 种商品的支出比例，即对商品 i 的边际消费倾向；Y^h 为家庭组 h 的可支配收入；P_i 为商品 i 的价格。

ELES 是在 LES 的基础上发展而来的。它是居民在一定的收入预算约束和商品最低消费量的条件下，通过 Stone-Geary 效用函数推导得出。模型假设居民的边际储蓄倾向不随居民收入的变化而变化，它被视为居民可支配收入的一个固定份额加以储存，以满足将来生活的不时之需。因为目前各地区政府仍对城市居民实行部分商品价格补贴，于是居民实际商品消费的承受价格，为 Arrnington 商品价格加上商品消费税再减去政府对居民的商品价格补贴。

ELES 是在 Cobb-Douglas 效用函数的基础上推导而来，ELES 中扩展后的 Cobb-Douglas 型居民效用函数为

$$U^h = \sum_{i=1}^n u_i C_i^h = \sum_{i=1}^n \beta_i^h \ln(C_i^h - \gamma_i^h) \qquad (2-41)$$

将商品 i 的效用表示为实际需求量 C_i^h 与基本需求量 γ_i^h 之差的对数，定义域满足 $C_i^h > \gamma_i^h > 1$，且有 $\sum_{i=1}^n \beta_i^h = 1$，$\gamma_i^h$ 为家庭组 h 维持生活对商品 i 的基本需求量。函数存在着如下的预算约束：

$$\sum_{i=1}^n C_i^h P_i = V^h \qquad (2-42)$$

式中，V^h 是总支出，为了使其效用最大化，构造如下拉格朗日函数：

$$L(C_1^h, C_2^h, \cdots, C_n^h, \lambda^h) = \sum_{i=1}^n \beta_i^h \ln(C_i^h - \gamma_i^h) + \lambda^h (V^h - \sum_{i=1}^n C_i^h P_i) \qquad (2-43)$$

由一阶优化条件，$\dfrac{\partial L}{\partial C_i^h} = 0$，$i = 1, 2, \cdots, n$；$\dfrac{\partial L}{\partial \lambda_i^h} = 0$，得

$$\frac{\beta_i^h}{C_i^h - \gamma_i^h} - \lambda^h P_i = 0, \quad i-1\cdots n, \quad \sum_{i=1}^{n} P_i C_i^h = V^h \tag{2-44}$$

由式（2-44）可解出：

$$\lambda^h = \frac{\sum \beta_i^h}{\sum P_i(C_i^h - \gamma_i^h)} = \frac{1}{V^h - \sum P_i \gamma_i^h} \tag{2-45}$$

所以，根据式（2-44），我们可以得到

$$\beta_i^h = \lambda^h P_i(C_i^h - \gamma_i^h) = \frac{1}{V^h - \sum P_i \cdot \gamma_i^h} \cdot P_i(C_i^h - \gamma_i^h) \tag{2-46}$$

最终可以得到如下形式的消费函数：

$$P_i C_i^h = P_i \gamma_i^h + \beta_i^h \left(V^h - \sum_{j=1}^{n} P_j \gamma_j^h \right) \tag{2-47}$$

式（2-47）具有明确的经济解释，消费者对商品 i 的消费份额 $P_i C_i^h$ 可以分解为两部分：第一部分为该商品的基本需求支出 $P_i \gamma_i^h$；第二部分为总预算支出 V^h 减去对所有商品的基本需求支出后剩余部分对商品 i 的部分，其份额为 β_i^h。

5. 政府消费函数及其推导

政府部门对各种商品的消费需求函数如下：

$$CG_i = \frac{\beta_i^G \cdot \overline{G}^{\text{tot}}}{P_i}, \quad \sum_i \beta_i^G = 1 \tag{2-48}$$

式中，CG_i 为政府对商品 i 的需求量；$\overline{G}^{\text{tot}}$ 为政府消费的总量；β_i^G 为政府对商品 i 的消费份额。

式（2-48）可以通过下述推导过程得到。这里我们假定政府的消费效用函数为 Cobb-Douglas 形式。

$$U^G = \prod_{i=1}^{n} CG_i^{\beta_i^G} \quad \sum_i \beta_i^G = 1, \ \beta_i^G \geqslant 0 \tag{2-49}$$

这个效用函数可以等价地写成如下形式：

$$U^G = \sum_{i=1}^{n} \beta_i^G \ln CG_i \tag{2-50}$$

由此问题转化为在预算约束 $\overline{G}^{\text{tot}}$ 条件下求解最优化问题。

$$\max U^G = \sum_{i=1}^{n} \beta_i^G \ln CG_i$$

$$\text{s. t.} \quad \sum_{i=1}^{n} P_i \cdot CG_i = \overline{G}^{\text{tot}} \tag{2-51}$$

构造如下形式的拉格朗日函数，

$$L(\cdot) = \sum_{i=1}^{n} \beta_i^G \ln CG_i + \lambda \left(\overline{G}^{tot} - \sum_{i=1}^{n} P_i \cdot CG_i \right) \tag{2-52}$$

求上式的一阶条件，可以得到下式：

$$\beta_i^G = \lambda \cdot P_i \cdot CG_i \qquad i = 1, \cdots, n \tag{2-53}$$

$$\sum_{i=1}^{n} CG_i = \overline{G}^{tot} \tag{2-54}$$

将式（2-53）求和，代入式（2-24），可以得到式（2-48）。因此，这个条件意味着政府的消费在约束 $\overline{G}^{tot}$ 条件下的最优化。

6. 投资需求函数及其推导

投资需要函数常用份额分配的形式为

$$INV_i = \frac{\beta_i^{INV} \cdot INV^{tot}}{P_i} \qquad \sum_i \beta_i^{INV} = 1 \tag{2-55}$$

式（2-55）表示投资需求，即固定资产形成总额。式中，INV_i 为对 i 部门的投资；β_i^{INV} 为其占总投资的份额；INV^{tot} 为总投资。这里假设投资需求的函数为 Cobb-Douglas 形式：

$$U^{INV} = \prod_{i=1}^{n} INV_i \beta_i^{INV} \qquad \sum_i \beta_i^{INV} = 1, \ \beta_i^{INV} \geq 0 \tag{2-56}$$

可以等价地写成如下形式：

$$U^{INV} = \sum_{i=1}^{n} \beta_i^{INV} \ln INV_i \tag{2-57}$$

由此，问题转化为在预算约束 INV^{tot} 条件下求解最优化问题。

$$\max U^{INV} = \sum_{i=1}^{n} \beta_i^{INV} \ln INV_i$$

$$s.t. \ \sum_{i=1}^{n} P_i \cdot INV_i = INV^{tot} \tag{2-58}$$

运用拉格朗日函数求极值，类似于式（2-49）的推导，可以求得式（2-56），在此不再详细推导。

2.2 GREAT-E 模型的基本结构

中国环境经济一般均衡分析系统（general equilibrium analysis system for environment，GREAT-E）系水资源经济一般均衡分析系统（general equilibrium analysis system for water，GREAT-W）的扩展版，由我国学者秦昌波博士在荷兰特文特大学工作期间原型开发。GREAT-W 模型在开发之初就充分考虑我国经济发展和水资源开发实际情况，后在我国知名环境经济学家王金南研究员的具体指导下，环境规划院研究团队立足于我国节能减排的实际情况，将环境系统和经济系统的相互作用机制有机地纳入 CGE 框架，构建了适应中国国情的环境经济一般均衡分析系统。

该模型先后在我国减少地下水超采、南水北调、用水再分配、水资源费、污染总量减排和排污交易、环境税费、能源和碳排放、水资源规划和环境保护规划等领域进行战略规划和政策分析发挥了重要的决策支撑作用。在应用过程中，GREAT-E 模型形成了一系列的衍生版本，以适应不同的资源环境问题分析。在均衡机制方面，形成了比较静态、递推动态和跨期动态三个版本；在应用领域方面，形成了水资源、环境保护和碳排放三个版本；在区域划分方面，形成了国家、省区和多区域三个版本。

GREAT-E 模型的基本结构如图 2-1 所示。该模型的基本思想是模拟宏观经济运行中生产引发收入，收入产生需求，需求带动生产的循环过程。宏观经济运行过程中，各种行为主体满足的经济行为假设包括：在生产技术不变的条件下，生产者通过最小化其投入成本实现利润最大化目标；在收入水平不变的条件下，消费者通过消费物品的偏好选择，实现其消费效用最大化目标；进出口产品和国内产品则在总产出水平不变的条件下，通过价格传导机制实现其在国内销售和国外销售的收益最大化目标；要素的供给和需求则是在生产的过程中完成其资源要素禀赋的最优化配置。以上的行为优化假设，通过四类方程模块在 CGE 模型中加以体现，分别是生产优化模块、居民消费模块，出口贸易模块和要素供给、需求和供求均衡模块。除上述四个模块之外，模型中还包括了用于刻画宏观经济运行的国民收入分配模块和宏观经济模块。对于环境行为，模型增加了环境治理模块和污染排放模块。

2.2.1 生产模块

在生产的过程中，生产部门不是价格的决策者而是价格的接受者，因此企业（部门）必须在一定的技术条件下，按照成本利润最大化或者既定利润成本最小化的原则来进行生产决策。决策在生产可能性边界约束下，按收入最大化原则确定该部门产出中用于内销和出口的相对份额构成。在规模不变的假设下，各部门的总产出不能由生产者决定，而是由均衡条件决定。即生产者需要进行投入决策，要在该部门总的均衡条件决定的前提下，选择中间投入和要素有效投入水

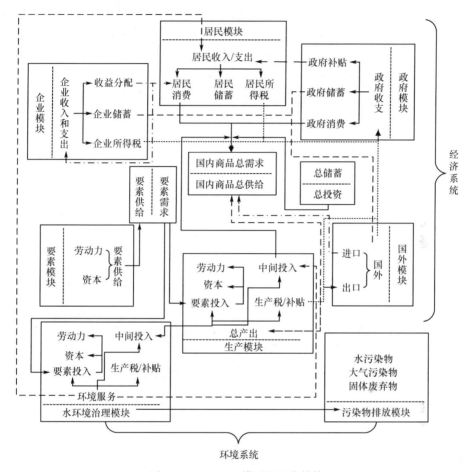

图 2-1　GREAT-E 模型的基本结构

平，使生产成本最小化，如图 2-2 所示。

　　模型假定一种商品只能被一个生产者所生产。模型中采用多层嵌套的 CES 函数来描述生产要素之间的不同替代性。在第一层次，最终产出由合成中间投入和合成要素禀赋的组合决定，采用 CES 函数来描述其替代性。在第二层次，合成中间投入采用 Leontief 函数描述为对各部门中间产品的需求；而要素禀赋合成束采用 CES 函数描述劳动力和资本账户的组合。劳动力、资本可以根据研究的需要做进一步的分解。生产中各种要素间可替代的程度取决于它们的替代弹性和在基准年生产过程中的份额。

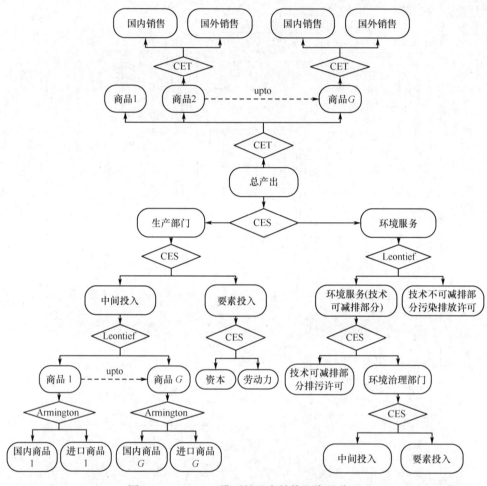

图 2-2　GREAT-E 模型的生产结构和商品分配

2.2.2　贸易模块

模型采用 Armington 假设来描述进口商品和地区产品之间的不完全替代关系，这一假设与现实中的双向贸易（two-way trade）事实相一致。模型采用 Armington 假设来描述进口商品和国内产品之间的不完全替代关系（图 2-2），通过 CES 函数描述最终消费在最小化成本的原则下，对进口商品和国内产品之间的优化选择。它认为国内的需求者在一定的相对价格和可替代程度的条件下，最优化选择国内产品和合成投入品，即国外进口和外省调入的组合，以最小化获得该组合的成本。

在商品出口方面，采用嵌套的 CET 函数描述出口和在国内市场销售间的替代关系（图 2-2）。在一定的国内商品价格和国际商品价格的条件下，生产者生产出的产品根据收入最大化原则按 CET 函数在出口与国内市场间分配，通过寻求产成品在国内市场销售和在境外（国内其他省份和国外）销售的一个数量优化组合以最大化其销售收入。

2.2.3　收入分配模块

在生产和贸易过程中产生的国民收入被分配到三个主要部门：居民、政府和企业。模型描述的三类经济主体都通过各种活动来获得各自的收入，国民经济的收入分配包括两部分：初次收入分配和收入再分配。

在国民收入的初次分配中，各种生产要素所有者依据在生产过程中提供要素的贡献获取收入。初次收入分配中居民和企业通过在生产过程中提供的各自要素禀赋——劳动力和资本，获得各自报酬，即劳动收入和资本回报。劳动力报酬通过居民分配系数转移至各类居民。企业在获得收入后，除去缴纳的企业所得税，剩余部分为企业税后净利润，税后净利润一部分通过利润分配转移至居民；另一部分则作为企业储蓄用于后期生产的投资需要。

在收入再分配过程中，各种收入在居民、企业和政府间进行再调节分配。居民从生产中获得劳动力报酬和企业的利润分配后形成居民收入，再缴纳个人所得税，并获得部分政府的转移支付后，从而形成居民可支配收入。另一个重要的经济行为主体——政府的收入主要通过征收各类直接和间接税费来获得收入，包括生产税、企业所得税、居民所得税、居民消费税、进出口关税等，同时政府还需对部分生产企业、居民和出口企业进行适当的生产补贴、居民商品价格补贴和转移支付、出口补贴等。

2.2.4　消费需求模块

经济生活中的需求来源于四个方面：居民消费需求、政府消费需求、投资需求和国外需求。居民需求函数表示为扩展的 ELES，它是居民在一定的收入预算约束和商品最低消费量的条件下，通过 Stone-Geary 效用函数推导得出。模型假设居民的边际储蓄倾向不随居民收入的变化而变化，它被视为居民可支配收入的一个固定份额加以储存，其满足将来生活的不时之需。因为目前各地区政府仍对城市居民实行部分商品价格补贴，于是居民实际商品消费的承受价格，为 Armington 商品价格加上商品消费税再减去政府对居民的商品价格补贴。其他最终需求，如政府消费支出、投资需求等则用 LES 描述，即它们对各种商品的需求按总支出的固定份额确定，它们则是在商品价格一定的约束下，由 Cobb-Douglas 效用函数推导得出。国外需求在贸易模块中已经描述。

2.2.5 均衡闭合模块

均衡闭合模块是环境 CGE 模型的重要组成部分，包括各种要素市场、商品市场的供需均衡，即所有初级要素和商品的总供给等于总需求，整个经济市场的总投资等于总储蓄。要素市场均衡又包括各类劳动力的供给均衡、资本市场均衡和各环境要素市场均衡。商品市场均衡包括投资市场均衡、国内区域间调入调出商品和国外进出口商品市场的均衡。在劳动力市场，模型可以采用两种出清方式：一种假设劳动力充分就业，并且劳动力市场不存在任何流动障碍，劳动力市场出清通过劳动力工资变动调节各部门的劳动力供给与需求，最终达到均衡；另一种是假设劳动力供给充足，劳动力存在着非自愿性失业，各类劳动力的部门工资率固定，仅靠各部门的劳动就业量变化出清劳动力市场。在资本要素市场，与大多数静态 CGE 模型一样，单区域模型假设各部门的资本为刚性供给，而仅依赖部门的资本回报率进行资本要素市场的出清。

该模型中的宏观闭合包括储蓄-投资平衡、政府财政收支平衡和贸易收支平衡。在使用环境 CGE 模型开展环境经济政策模拟分析时，由于失业、赤字等的存在，模型并不能如一般均衡理论所要求的那样各项同时达到均衡，只能达到有条件的均衡，模型的宏观闭合旨在解决此问题。CGE 模型的储蓄-投资平衡闭合规则对于投资水平有着相当重要的影响。一般而言，CGE 模型中的储蓄-投资闭合规则一般有两种方式：以储蓄驱动的"新古典封闭原则"和以投资驱动的"古典封闭原则"。在储蓄驱动的闭合原则中，假设各机构的储蓄率固定，投资内生并等于储蓄；在投资驱动的规则中假设投资外生，而居民储蓄率内生。在该模型中贸易收支平衡意味着国际贸易平衡和省际贸易平衡。进出口贸易平衡则是通过进出口商品的相对价格变化来调节商品的均衡，进出口的差额构成贸易的顺差或逆差，从而形成外汇储蓄或外汇流出。同样，省际贸易也作类似处理。模型中的政府收支平衡采用政府储蓄盈余内生，即将各种税率和政府转移支付外生确定，政府的收入和支出差额决定政府储蓄。

2.2.6 环境治理和排放模块

本书通过在 CGE 模型中单列细化的环境治理部门为产生污染的生产者和消

费者提供相应的末端治理（end-of-pipe）服务，生产者采用清洁生产等过程减排行为通过在生产函数中设置合理的替代弹性参数进行模拟，生产者和消费者的污染排放行为则通过在要素投入账户中单列细化的污染物排放账户进行模拟。由于生产和消费均伴随着污染的排放，因此将排污看作生产和消费的必要投入。政府通过拍卖有限的排污权来设定环境质量目标。污染削减部门的产出不是具体可用的产品，而是以达到排放标准或总量控制目标为目的污染净化服务。这种服务包括中间投入环节提供给生产性部门的污染处理服务，也包括最终消费环节提供给居民的生活污染削减服务。由此生产者和消费者需要在排污支付和治理投资间进行抉择，即保证企业的某一产出水平或消费者的某一消费水平不变的情况下，不同排放水平与治理活动组合下必要的排污量。生产者还可以在末端治理和清洁生产间选择成本较低的污染削减行为。生产者为追求成本最小化，消费者为追求效用最大化，可以通过减少污染密集型产品的生产和消费来实现，这就驱动了经济结构的调整。通过这些设计，模型将环境系统和经济系统有机地纳入到一个一致性的一般均衡框架中，能够较好地模拟经济与环境之间的传导机制。

2.2.7 动态模块

为了模拟未来数年中国经济的增长状况，模型必须有一定的递推增长性。GREAT-E 模型属于跨期动态一般均衡模型，允许消费者进行跨期决策。一般而言，标准的新古典增长理论用三个因素来解释产出的变动：资本、劳动力以及技术的变动。同样，本模型也是这三种方式来解释简单的增长原理。具体来说，模型的动态特性是通过以下因素反映：①生产要素使用量的增长；②人口增长带来的劳动力供应增加；③人力资本积累导致劳动力效率提高和资本有机构成提高导致资本利用效率的提高。其中，生产要素中的固定资本存量是通过前一年度投资-储蓄方程内生地确定上一年度的固定资产投资额后，经过规范化后，加上前期的资本存量并扣除资本折旧后，形成当期的资本供给总量外，其余各增长要素的增长率均外生确定。其中生产要素中的固定资本存量是通过前一年度投资-储蓄方程内生地确定上一年度的固定资产投资额后，加上前期的资本存量并扣除资本折旧后，形成当期的资本供给总量外，其余各增长要素的增长率均外生确定。利率和折旧率水平外生确定，整体经济的全员要素生产率（TFP）在模型的基准情景模拟时为内生决定，以实现给定的地区 GDP 经济增长率，而在其他方案模拟时，则将基准情景内生决定的 TFP 值作为外生，而将 GDP 增长率内生决定，以观察其他外在冲击对 GDP 等宏观经济的影响。

2.2.8 价格形成

模型中的所有价格均为相对价格。这些价格之间除通过上述各种嵌套 CES 或 CET 函数相互联系之外，还经各种税收、补贴以及汇率转换发生变动。在模型中，引起价格发生变动的因素包括生产征收的增值税、生产税和生产补贴，海关征收的进出口税和出口退税，以及汇率转换。

2.3 GREAT-E 模型的方程体系

2.3.1 生产活动方程

在多数 CGE 模型中，生产函数建立在中间投入和生产要素之间的某种替代关系的基础上。最简单的生产函数结构是劳动力和资本之间具有单一的 CES 关系，中间投入是总产出的固定比例，通常用 Leontief 生产函数描述。GREAT-E 模型在对多种类型的资本、劳动力、排污指标等要素和生产投入与治理投入加以区分的情况下，通过多层嵌套的 CES 生产函数结构来描述。

1. 第一层嵌套

第一层嵌套对生产活动的总产出进行分解，模型假定每个生产部门的生产活动需要进行生产性投入，同时为了满足环境保护政策要求需要进行环境治理投入，因此生产部门的总产出首先被分解为生产投入束和环境服务束。生产者在满足环境保护要求的同时，按照成本最小化的原则进行决策，生产者可以在改进生产技术和投资环境治理之间进行选择，因此模型采用 CES 函数来描述生产投入和环境治理投入之间的替代关系，并假定所有生产部门的生产技术规模报酬不变。第一层嵌套的 CES 函数形式如下：

$$QA_i = \alpha_i^{top} \cdot (\delta_i^{top} \cdot QPI_i^{-\rho_i^{top}} + (1 - \delta_i^{top}) \cdot QES_i^{-\rho_i^{top}})^{-\frac{1}{\rho_i^{top}}} \tag{2-59}$$

生产投入和环境服务投入之间的比例关系可以写成如下方程：

$$\frac{QPI_i}{QES_i} = \left(\frac{PES_i}{PPI_i} \cdot \frac{\delta_i^{top}}{1 - \delta_i^{top}}\right)^{\frac{1}{1+\rho_i^{top}}} \tag{2-60}$$

式中，QA_i 为部门 i 生产活动的总产出；QPI_i 为生产投入束投入部门 i 的数量；QES_i 为环境服务投入束投入部门 i 的数量；PPI_i 为生产投入合成束的价格；PES_i

为环境服务合成束的价格；α_i^{top} 为转移参数；δ_i^{top} 和 $1-\delta_i^{\text{top}}$ 为生产投入束和环境服务投入束的份额参数；ρ_i^{top} 为替代参数，且有 $\sigma_i^{\text{top}}=\dfrac{1}{1+\rho_i^{\text{top}}}$ 为生产投入束和环境服务投入束之间的替代弹性。

2. 第二层嵌套

第二次嵌套需要对生产投入合成束和环境服务合成束做进一步分解，环境服务合成束的嵌套结构将在污染治理和排放模块中进行详细介绍，在此仅对生产投入合成束的结构做进一步分解。生产投入合成束为中间投入束和生产要素束的加总，两者之间的替代关系通过 CES 函数来描述，模型中使用的方程如下：

$$\text{QPI}_i = \alpha_i^{\text{pro}} \cdot (\delta_i^{\text{pro}} \cdot \text{QINT}_i^{-\rho_i^{\text{pro}}} + (1-\delta_i^{\text{pro}}) \cdot \text{QVA}_i^{-\rho_i^{\text{pro}}})^{-\frac{1}{\rho_i^{\text{pro}}}} \tag{2-61}$$

中间投入和要素投入之间的比例关系可以写成如下方程：

$$\frac{\text{QINT}_i}{\text{QVA}_i} = \left(\frac{\text{PVA}_i}{\text{PINT}_i} \cdot \frac{\delta_i^{\text{pro}}}{1-\delta_i^{\text{pro}}}\right)^{\frac{1}{1+\rho_i^{\text{pro}}}} \tag{2-62}$$

式中，QVA_i 为生产要素束投入部门 i 的数量；QINT_i 为中间投入束投入部门 i 的数量；PVA_i 为生产要素束投入合成束的价格；PINT_i 为中间投入合成束的价格；α_i^{pro} 为转移参数；δ_i^{pro} 和 $1-\delta_i^{\text{pro}}$ 为生产要素束和中间投入束的份额参数；ρ_i^{pro} 为替代参数，且有 $\sigma_i^{\text{pro}}=\dfrac{1}{1+\rho_i^{\text{pro}}}$ 为生产要素投入束和中间投入束之间的替代弹性。

3. 第三层嵌套

第三层嵌套包括中间投入束的分解和生产要素束的分解。中间投入束利用 Leontief 生产函数描述中间投入产品间的固定比例关系。其方程描述如下：

$$\text{QINT}_i = \sum_{j=1}^{n} \alpha_{ij} \cdot \text{QA}_j \tag{2-63}$$

其中，$\sum_{j=1}^{n} \alpha_{ij}$ 为中间投入产出系数。

要素投入束被分解为劳动力投入和资本投入，两者之间存在替代关系，模型同样使用 CES 生产函数描述二者之间的关系。劳动力和资本可以根据需要做进一步的分解，如劳动力可以分解为熟练劳动力和非熟练劳动力等。具体的分解在此不做详细描述，仅给出描述劳动力和资本投入替代关系的 CES 函数方程：

$$\text{QVA}_i = \alpha_i^{\text{va}} \cdot (\delta_i^{\text{va}} \cdot \text{QL}_i^{-\rho_i^{\text{va}}} + (1-\delta_i^{\text{va}}) \cdot \text{QK}_i^{-\rho_i^{\text{va}}})^{-\frac{1}{\rho_i^{\text{va}}}} \tag{2-64}$$

劳动力投入和资本投入之间的比例关系可以写成如下方程：

$$\frac{QL_i}{QK_i} = \left(\frac{PK_i}{PL_i} \cdot \frac{\delta_i^{va}}{1 - \delta_i^{va}} \right)^{\frac{1}{1+\rho_i^{va}}} \tag{2-65}$$

式中，QK_i 为资本投入部门 i 的数量；QL_i 为劳动力投入部门 i 的数量；PL_i 为工资率；PK_i 为资本租金；α_i^{va} 为转移参数；δ_i^{va} 和 $1-\delta_i^{va}$ 为劳动力和资本投入的份额参数；ρ_i^{pro} 为替代参数，且有 $\sigma_i^{va} = \dfrac{1}{1+\rho_i^{va}}$ 为劳动力和资本投入之间的替代弹性。

2.3.2 污染治理与排放方程

GREAT-E 模型假定生产者根据成本最小化的原则，在污染削减和以一定成本从政府获取排放指标来满足相应的环境保护要求，因此二者之间存在替代关系。模型通过 CES 函数描述治理和排放之间的替代关系。其方程如下：

$$QES_k = \alpha_k^{es} \cdot (\delta_k^{es} \cdot QEA_k^{-\rho_k^{es}} + (1 - \delta_k^{es}) \cdot QEM_k^{-\rho_k^{es}})^{-\frac{1}{\rho_k^{top}}} \tag{2-66}$$

环境治理和污染物排放之间的比例关系可以写成如下方程：

$$\frac{QEA_k}{QEM_k} = \left(\frac{PEM_k}{PEA_k} \cdot \frac{\delta_k^{es}}{1 - \delta_k^{es}} \right)^{\frac{1}{1+\rho_i^{es}}} \tag{2-67}$$

式中，QEA_k 为环境治理部门为污染物 k 提供的减排服务数量；QEM_k 为污染物 k 的排放数量；PEA_k 为污染排放的价格；PES_k 为环境治理部门提供的减排服务价格；α_k^{es} 为转移参数；δ_k^{es} 和 $1-\delta_k^{es}$ 为环境治理和污染排放的份额参数；ρ_k^{es} 为替代参数，且有 $\sigma_k^{es} = \dfrac{1}{1+\rho_k^{es}}$ 为减排和排放之间的替代弹性。

环境治理部门的生产结构同生产部门一样，也被分解为中间投入和要素投入的加总，用多层嵌套的 CES 函数来描述，其方程体系可以参照式（2-61）~式（2-65）。生产部门 i 对环境服务的投入描述为 k 种污染物环境服务的加总，模型使用 Leontief 生产函数进行描述。其方程如下：

$$QES_i = \sum_{k=1}^{n} \alpha_{ik} \cdot QES_k \tag{2-68}$$

式中，$\sum_{k=1}^{n} \alpha_{ik}$ 为环境服务产品 k 对生产部门 i 的固定投入系数。

2.3.3 贸易方程

国内生产的商品一部分销往国外市场，另外一部分则销往国内市场。国内市场总需求除由本地生产的产品满足外，另外一部分则通过国外进口商品来满足。贸易方程通常基于 Armington 假设，采用 CES 函数（包括嵌套的 CES 和 CET 函数）来确定的。

1. 出口方程

对于产品销售，国内厂商需要在国内市场和国际市场之间进行权衡，以实现销售收入的最大化，模型采用 CET 函数来描述，国内销售和出口的最优组合取决于国内市场和国际市场相对价格和转换弹性的大小。在国家 GREAT-E 模型中，模型使用了如下的 CET 函数方程来刻画：

$$QX_i = \alpha_i^{cet} \cdot (\delta_i^{cet} \cdot QE_i^{\rho_i^{cet}} + (1 - \delta_i^{cet}) \cdot QD_i^{\rho_i^{cet}})^{\frac{1}{\rho_i^{cet}}} \qquad (2-69)$$

出口和国内销售之间的比例关系可以写成如下方程：

$$\frac{QE_i}{QD_i} = \left(\frac{PE_i}{PD_i} \cdot \frac{1 - \delta_i^{cet}}{\delta_i^{cet}} \right)^{\frac{1}{\rho_i^{cet-1}}} \qquad (2-70)$$

式中，QX_i 为商品 i 的总销售；QE_i 为商品 i 销往国外市场的数量；QD_i 为商品 i 销往国内市场的数量；PE_i 为出口商品 i 的国内价格；PD_i 为进口商品 i 的国内价格；α_i^{cet} 为转移参数；δ_i^{cet} 和 $1-\delta_i^{cet}$ 为商品 i 销往国外市场和国内市场的份额参数；ρ_i^{cet} 为转换参数，且有 $\sigma_i^{cet} = \frac{1}{\rho_i^{cet} - 1}$ 为出口和国内销售之间的转换弹性。

在区域版 GREAT-E 模型中，国内销售又包括本地销售和国内其他地区销售，因此产品的销售往往采用多层嵌套的 CET 函数来描述。其下一层嵌套的用来描述本地销售和调出到国内其他地区之间的 CET 函数方程如下：

$$QD_i = \alpha_i^{trl} \cdot (\delta_i^{trl} \cdot QRE_i^{\rho_i^{trl}} + (1 - \delta_i^{trl}) \cdot QLD_i^{\rho_i^{trl}})^{\frac{1}{\rho_i^{trl}}} \qquad (2-71)$$

国内其他地区和本地销售之间的比例关系可以写成如下方程：

$$\frac{QRE_i}{QLD_i} = \left(\frac{PRE_i}{PLD_i} \cdot \frac{1 - \delta_i^{trl}}{\delta_i^{trl}} \right)^{\frac{1}{\rho_i^{trl-1}}} \qquad (2-72)$$

式中，QRE_i 为商品 i 销往国内其他地区的数量；QLD_i 为商品 i 销往本地市场的数量；PRE_i 为商品 i 销往国内其他地区的价格；PLD_i 为商品 i 销往本地市场的价格；α_i^{trl} 为转移参数；δ_i^{trl} 和 $1-\delta_i^{trl}$ 为商品 i 销往国内其他地区和本地市场的份额参数；ρ_i^{trl} 为转换参数，且有 $\sigma_i^{trl} = \frac{1}{\rho_i^{trl} - 1}$ 为国内其他地区和国内销售之间的转换弹性。

2. 进口方程

对于商品需求，模型采用了传统的 Armington 假设，即假设进口商品和国内商品存在不完全替代关系，国内商品需求者通过选择不同的国内商品和进口商品之间的组合来达到成本的最小化，两者之间的最优组合取决于两者的相对价格和替代弹性的大小。国家版 GREAT-E 模型采用了 CES 函数来刻画，方程如下：

$$QQ_i = \alpha_i^{arm} \cdot (\delta_i^{arm} \cdot QM_i^{-\rho_i^{arm}} + (1 - \delta_i^{arm}) \cdot QD_i^{-\rho_i^{arm}})^{-\frac{1}{\rho_i^{arm}}} \qquad (2\text{-}73)$$

出口和国内销售之间的比例关系可以写成如下方程：

$$\frac{QM_i}{QD_i} = \left(\frac{PD_i}{PM_i} \cdot \frac{\delta_i^{arm}}{1 - \delta_i^{arm}}\right)^{\frac{1}{1+\rho_i^{arm}}} \qquad (2\text{-}74)$$

式中，QQ_i 为商品 i 的 Armington 总需求；QM_i 为国内市场对进口商品 i 的需求量；QD_i 为国内市场对国内商品 i 的需求量；PM_i 为进口商品 i 的价格；PD_i 为国内商品 i 的价格；α_i^{arm} 为转移参数；δ_i^{arm} 和 $1-\delta_i^{arm}$ 为进口商品 i 和国内商品 i 的 Armington 份额参数；ρ_i^{arm} 为转换参数，且有 $\sigma_i^{arm} = \dfrac{1}{1+\rho_i^{arm}}$ 为进口商品和国内商品之间的 Armington 替代弹性。

在区域 GREAT-E 模型中，本地商品需求又包括对本地生产商品和国内其他地区调入商品的需求，因此产品的需求往往采用多层嵌套的 Armington 函数来描述。其下一层嵌套的用来描述本地商品需求和国内其他地区调入商品需求之间的 Armington 函数方程如下：

$$QD_i = \alpha_i^{arl} \cdot (\delta_i^{arl} \cdot QRM_i^{-\rho_i^{arl}} + (1 - \delta_i^{arl}) \cdot QLD_i^{-\rho_i^{arl}})^{-\frac{1}{\rho_i^{arl}}} \qquad (2\text{-}75)$$

出口和国内销售之间的比例关系可以写成如下方程：

$$\frac{QRM_i}{QLD_i} = \left(\frac{PLD_i}{PRM_i} \cdot \frac{\delta_i^{arl}}{1 - \delta_i^{arl}}\right)^{\frac{1}{1+\rho_i^{arl}}} \qquad (2\text{-}76)$$

式中，QD_i 为本地市场对国内供应商品 i 的总需求；QRM_i 为本地市场对国内其他地区调入商品 i 的需求量；QLD_i 为本地市场对本地商品 i 的需求量；PRM_i 为国内其他地区调入商品 i 的价格；PLD_i 为本地商品 i 的价格；α_i^{arl} 为转移参数；δ_i^{arl} 和 $1-\delta_i^{arl}$ 为国内其他地区调入商品 i 和本地商品 i 的 Armington 份额参数；ρ_i^{arl} 为转换参数，且有 $\sigma_i^{arl} = \dfrac{1}{1+\rho_i^{arl}}$ 为国内其他地区调入商品和本地商品之间的 Armington 替代弹性。

2.3.4 收入分配方程

本节给出了要素、居民、企业和政府四个账户的收入方程。要素收入分配给三类主体——居民、企业和政府。在初次分配中，劳动报酬被分配给居民，资本收入被分配给企业，基于排污的要素收入全部假定由政府通过征收环境税费或者拍卖排污许可获得。再分配则通过居民之间、企业、政府和国外的转移支付来完成。

1. 要素收入方程

要素账户通过向生产部门提供劳动力、资本和其他必需的生产要素获取收入。GREAT-E 模型包括三大类基本要素——劳动力、资本和排污指标，这三类都可以根据具体研究的需要细分为不同的要素分类。

劳动报酬总收入表示为工资率和劳动力供应乘积，其方程形式如下：

$$YL = \sum_i PL_i \cdot QL_i \tag{2-77}$$

式中，YL 为劳动报酬总收入。

资本总收入表示为资本租金与资本使用量的乘积，其方程形式如下：

$$YK = \sum_i PK_i \cdot QK_i \tag{2-78}$$

式中，YK 为资本总收入。

排污指标的要素总收入表示为排污价格与排污量的乘积。在 GREAT-E 模型中，排污量通常使用物理量单位，而排污的价格通常设定为市场价格，而非如其他变量那样采用相对价格。在研究环境税费问题时，排污的价格通常设定为政府规定的排污税（费）征收费标准；在研究初始排污权有偿分配时，其价格设定为排污权的初始定价标准；在研究环境服务收费政策时，其价格通常设定为环境服务的定价标准（如城市污水处理费）；在研究排污权交易政策时，其价格通常是排污指标的市场均衡价格。这种反映环境保护实际的排污量和排污价格建模方法给环境经济政策的分析带来了极大的便利。基于排污的要素收入方程形式如下：

$$YEM_k = \sum_i PEM_{ik} \cdot QEM_{ik} \tag{2-79}$$

式中，YEM_k 为污染物 k 的总价值。

2. 家庭收入方程

居民总收入由四部分组成：缴纳要素税后的劳动报酬收入、来自企业的转移支付（企业的税后收入中有一部分以固定份额分配给居民）、来自政府的转移支付（如政府提供的价格补贴、抚恤金以及其他福利）和来自国外的转移支付（国外汇款或者国际劳务收入）。居民缴纳个人所得税后的收入为居民的净收入，支出的余额成为居民储蓄。居民总收入的方程形式如下：

$$YH_h = YL \cdot (1 - tl) + TR_{h,ent} + TR_{h,gov} + EXR \cdot TR_{h,row} \tag{2-80}$$

式中，YH_h 为居民组 h 的总收入；tl 为劳动报酬要素税的税率；$TR_{h,ent}$ 为企业对居民组 h 的转移支付；$TR_{h,gov}$ 为政府对居民组 h 的转移支付；$TR_{h,row}$ 为国外对居民组 h 的转移支付，单位用外币表示；EXR 为汇率。

3. 企业收入方程

企业总收入由三部分组成：缴纳要素后的资本收入、来自政府的转移支付（如政府为企业提供的生产补贴）、来自国外的转移支付（如国外技术援助资金）。企业缴纳企业所得税后的收入为企业的净收入，支出的余额成为企业储蓄。企业的总收入方程如下：

$$YC = YK \cdot (1 - tk) + TR_{ent,gov} + EXR \cdot TR_{ent,row} \tag{2-81}$$

式中，YC 为企业的总收入；tk 为资本要素税的税率；$TR_{ent,gov}$ 为政府对企业的转移支付；$TR_{ent,row}$ 为国外对企业的转移支付，单位用外币表示，如果是负值则为企业对国外的分配。

4. 政府收入方程

政府收入由九部分组成：企业所得税、个人所得税、要素税、来自国外的转移支付（如国外援助）、进口关税、出口关税、生产税、销售税和环境税费（或者拍卖排污权获取的收入）。政府在满足各项支出后的余额构成政府储蓄。政府总收入的方程如下：

$$
\begin{aligned}
YG = {} & YC \cdot ty_{ent} + \sum_h YH_h \cdot ty_h + (YL \cdot tl + YK \cdot tk) + EXR \cdot TR_{gov,row} \\
& + \sum_i tm_i \cdot pwm_i \cdot QM_i \cdot EXR + \sum_i te_i \cdot pwe_i \cdot QE_i \cdot EXR \\
& + \sum_i ta_i \cdot PA_i \cdot QA_i + \sum_i tq_i \cdot PQ_i \cdot QQ_i \\
& + \sum_k PEM_k \cdot QEM_k
\end{aligned}
\tag{2-82}
$$

式中，YG 为政府的总收入；ty_{ent} 为企业所得税税率；ty_h 为居民组 h 的个人所得税税率；$TR_{gov,row}$ 为国外对政府的转移支付，如是负值则为政府对国外的转移支付（如偿还借款或对外援助）；tm_i 为商品 i 的进口关税税率；te_i 为商品 i 的出口关税税率；ta_i 为商品 i 的生产税税率；tq_i 为商品 i 的销售税税率；pwm_i 为进口

商品 i 的国际市场价格；twe_i 为出口商品 i 的国际市场价格；PA_i 为商品 i 的生成活动价格；PQ_i 为来自国内和国外供应的复合商品 i 的合成价格。

2.3.5 支出方程

1. 居民支出方程

居民支出包括两个组成部分：缴纳给政府的个人所得税和用于满足家庭消费需求购买商品的支出。居民支出方程如下：

$$EH_h = YH_h \cdot ty_h + \sum_i PQ_i \cdot QH_{hi} \tag{2-83}$$

式中，EH_h 为居民组 h 的总支出；QH_{hi} 为居民组 h 对商品的消费需求。

居民的消费需求用 LES 函数来描述，其对偶方程形式如下：

$$QH_{hi} = \frac{\beta_{hi} \cdot (1 - MPS_h) \cdot (1 - ty_h) \cdot YH_h}{PQ_i} \tag{2-84}$$

式中，MPS_h 为居民组 h 的边际储蓄倾向。

2. 企业支出方程

企业支出包括两部门：缴纳给政府的企业所得税和根据居民资本份额分配给居民的企业营业盈余。

$$EC = YC \cdot ty_{ent} + \sum_h TR_{h, ent} \tag{2-85}$$

式中，EC 为企业的总支出。

3. 政府支出方程

政府支出包括三个组成部分：对家庭转移支付、对企业的转移支付和满足政府需求用于购买商品的支出。政府支出方程形式如下：

$$EG = \sum_h TR_{h, gov} + TR_{ent, gov} + \sum_i PQ_i \cdot QG_i \tag{2-86}$$

式中，EG 为政府的总支出；QG_i 为政府对商品 i 的消费需求。

2.3.6 市场出清和宏观平衡方程

GREAT-E 模型的均衡模块包括两个市场出清条件和四个宏观平衡条件。两个市场出清条件分别为要素市场出清和商品市场出清；四个宏观平衡条件分别是国际收支平衡、政府预算平衡、企业收支平衡和投资-储蓄平衡。

1. 要素市场均衡

要素市场均衡包括劳动力市场均衡、资本市场均衡和排污权市场均衡。由于 GREAT-E 模型采用新古典闭合规则，该规则假定劳动力充分就业，而工资率是弹性的。

（1）劳动力市场均衡条件如下：

$$\sum_i QL_i = \overline{LS} \tag{2-87}$$

式中，$\overline{LS}$ 为劳动力的总供应。

（2）资本市场均衡条件如下：

$$\sum_i QK_i = \overline{KS} \tag{2-88}$$

式中，$\overline{KS}$ 为资本总量。

（3）排污权市场均衡条件如下：

$$\sum_i QEM_{ik} = \overline{EM_k^{tot}} \tag{2-89}$$

式中，$\overline{EM_k^{tot}}$ 为政府设定的排污总量控制目标。

2. 商品市场均衡

商品市场出清是指在国内市场销售的商品的总供给等于对其的总需求。GREAT-E 模型中有三种基本商品——国内产销的商品、进口商品（根据原产地分类）和出口商品（根据目的地分类）。对商品的需求分类两大类：一类是作为中间投入品的需求，即中间需求；一类是作为最终消费品的需求，即最终需求，包括居民消费需求、政府消费需求、投资需求和存货变动。商品市场的均衡方程如下：

$$QQ_i = \sum_i QINT_i + \sum_h QH_{hi} + QG_i + QINV_i + QDST_i \tag{2-90}$$

式中，$QINV_i$ 为商品 i 用于满足投资需求的数量；$QDST_i$ 为商品 i 的存货变动数量。

3. 国际收支平衡

国外经常账户下的收入来自于对国内商品和服务的出口（即国内从国外的进口）；而国外经常账户下的支出则为对国内商品和服务的进口（即国内对国外的出口）、对国内居民的转移支付、对国内企业的转移支付和对国内政府的转移支付；经常账户下收入与支出之间的差额为来自国外的净储蓄。

$$\sum_i \text{pwe}_i \cdot \text{QE}_i + \text{TR}_{h,\text{row}} + \text{TR}_{\text{ent,row}} + \text{TR}_{\text{gov,row}} + \text{FSAV} = \sum_i \text{pwm}_i \cdot \text{QM}_i$$

$$(2\text{-}91)$$

式中，FSAV 为来自国外的净储蓄，为本平衡方程的余项。

4. 政府预算平衡

政府储蓄为政府经常性收支之间的差额。在 GREAT-E 模型中，政府征收的各种税费率外生给定不变，政府的储蓄作为该平衡方程的余项。政府预算平衡方程形式如下：

$$\text{YG} = \text{EG} + \text{GSAV} \qquad (2\text{-}92)$$

式中，GSAV 为政府的净储蓄。

5. 企业收支平衡

企业储蓄为企业经常性收支之间的差额。在 GREAT-E 模型中，企业的储蓄作为该平衡方程的余项。企业收支平衡方程形式如下：

$$\text{YC} = \text{EC} + \text{CSAV} \qquad (2\text{-}93)$$

式中，GSAV 为企业的净储蓄。

6. 投资—储蓄平衡

在 GREAT-E 模型中，总投资为各部门投资之和，并且总储蓄等于总投资，其方程形式如下：

$$\sum_h \text{MPS}_h \cdot (1 - \text{ty}_h) \cdot \text{YH}_h + \text{CSAV} + \text{GSAV} + \text{EXR} \cdot \text{FSAV}$$
$$= \sum_i \text{PQ}_i \cdot \text{QINV}_i + \sum_i \text{PQ}_i \cdot \text{QDST}_i \qquad (2\text{-}94)$$

2.3.7 价格方程

在 CGE 模型中，价格处于模型的核心地位。在 GREAT-E 模型中，按照惯例将中国假设为"小国经济"，即假定进口商品的国际市场价格和出口商品的国际市场价格被定为外生变量。这是因为虽然中国是人口和经济大国，很多商品在国际贸易中数量上处于大国地位，但多数商品缺乏国际定价权，因此在价格上处于小国地位。

进口价格方程：

$$\text{PM}_i = \text{pwm}_i \cdot (1 + \text{tm}_i) \cdot \text{EXR} \qquad (2\text{-}95)$$

出口价格方程：

$$PE_i = pwe_i \cdot (1-te_i) \cdot EXR \qquad (2-96)$$

国内产销产品和出口产品的复合产品价格方程：

$$PX_i = \frac{PD_i \cdot QD_i + PE_i \cdot QE_i}{QX_i} \qquad (2-97)$$

国内供应的复合商品价格：

$$PQ_i \cdot (1-tq_i) = \frac{PD_i \cdot QD_i + PM_i \cdot QM_i}{QQ_i} \qquad (2-98)$$

2.3.8 宏观经济恒等式

为了反映各年度宏观经济的变化影响，模型中还增加了几个宏观变量。GDP可以从几个方面进行度量和核算，通常包括生产法、支出法和收入法。这里主要给出支出法的名义 GDP 和实际 GDP 的计算。GDP 的构成在 GREAT-E 模型中包括居民消费、政府消费、投资支出、存货变动、出口和进口。支出法 GDP 实际上就是各种最终消费加上出口减去进口。

$$
\begin{aligned}
GDP = {} & \sum_i \sum_h QH_{hi} \cdot PQ_i + \sum_i QG_i \cdot PQ_i + \sum_i QINV_i \cdot PQ_i \\
& + \sum_i QDST_i \cdot PQ_i - \sum_i QE_i \cdot PE_i + \sum_i QM_i \cdot PM_i \qquad (2-99)
\end{aligned}
$$

式中，GDP 为名义 GDP。

$$
\begin{aligned}
RGDP = {} & \sum_i \sum_h QH_{hi} \cdot PQ_{i,0} + \sum_i QG_i \cdot PQ_{i,0} + \sum_i QINV_i \cdot PQ_{i,0} \\
& + \sum_i QDST_i \cdot PQ_{i,0} - \sum_i QE_i \cdot PE_{i,0} + \sum_i QM_i \cdot PM_{i,0} \qquad (2-100)
\end{aligned}
$$

式中，RGDP 为实际 GDP；下标 0 为该指标的基期值。

消费物价指数是关系到居民福利变化的一个重要指标，其计算方程如下：

$$CPI = \frac{\sum_i \left(PQ_i \cdot \sum_h QH_{hi}\right)}{\sum_i \left(PQ_{i,0} \cdot \sum_h QH_{hi}\right)} \qquad (2-101)$$

2.3.9 动态模块方程

GREAT-E 模型的动态版本大部分方程可以通过静态版本的前述方程添加下标 t 得到。模型的动态行为还体现在生产要素随时间的累积过程。其中，资本积累过程内生决定。

$$\overline{KS}_{t+1} = (1 - \delta_K) \cdot \overline{KS}_t + QINV_t \tag{2-102}$$

式中，$\overline{KS}_{t+1}$ 为当期的资本总量，它等于上一期的资本存量 $\overline{KS}_t$ 减去折旧（δ_K 为折旧率），再加上上期固定资本形成 $QINV_t$，即

$$\overline{KS}_T = (1 + \overline{g}_L) \cdot \overline{KS}_{T-1} \tag{2-103}$$

式中，$\overline{g}_L$ 为增长率。

劳动力供给的增长率外生给定，包括劳动力数量和生产率的增长，其动态方程为

$$\overline{LS}_{t+1} = (1 + g_L) \cdot \overline{LS}_t \tag{2-104}$$

减排部门技术进步会带来减排效率的提高，一方面带来减排服务的增加；另一方面也将带来其他部门减排技术的提高，从而减少污染物的排放。

$$QEA_{k,t+1} = (1 + g_L + \varphi_k^{EA}) \cdot QEA_{k,t} \tag{2-105}$$

式中，φ_k^{EA} 为减排部门的技术效率进步因子。

$$\overline{EM}_{k,t+1}^{tot} = (1 + g_L - \varphi_k^{EM}) \cdot \overline{EM}_{k,t}^{tot} \tag{2-106}$$

式中，φ_k^{EM} 为污染排放的技术效率进步因子。

第3章 模型的数据基础——环境经济一体化社会核算矩阵

要利用 CGE 模型开展政策模拟，就需要高质量的数据集作支撑。社会核算矩阵把投入产出表和国民经济核算表结合在一起，整合到一张表上，全面描述了整个经济的图景，它反映了经济系统一般均衡的特点，为 CGE 模型提供了必要而完备的数据基础。健康、持续的环境经济政策必须建立在细致、严格的核算基础之上。环境 CGE 模型的本质是包含资源环境账户的 CGE 模型，通过求解一组与资源、环境、经济有关的方程组，实现对环境-经济系统的均衡分析。在环境 CGE 模型中，除替代弹性、收入弹性、转移弹性等参数可借助计量经济学方法或参照相关文献中的经验估计结果外生给定外，份额参数和分配系数等均须使用基期与模型结构的均衡数据进行标定，因此，需要构建包含资源环境账户的社会经济核算矩阵。本章主要在社会核算矩阵的基础上介绍环境 CGE 模型的数据基础——环境经济一体化社会核算矩阵（environmental social accounting matrix，ESAM），包括其设计、构建过程与平衡方法。

3.1 社会核算矩阵

所谓 SAM 是对一定时期内国家（或区域）各种经济主体之间交易数额的全面而一致的记录。它作为国民经济核算的一种表现手段，所采用的概念、分类和核算原则与 SNA 基本保持一致，它运用矩阵方法以平衡、封闭的形式记录了该国（或地区）国民经济各账户的核算数据，而且还对现有的投入产出表进行了扩充，使其不仅能表现生产部门与生产部门及非生产部门之间的投入产出、增加值形成和最终支出的关系，还能描述非生产部门之间的经济相互往来关系。SAM 不仅具有全面、综合、简洁的特点，它还可以在遵循 SNA 分类基本原则的基础上，根据侧重研究的问题对生产部门、商品部门、机构部门进行详尽的分解与集结。一般均衡模型反映了社会经济个主体间的经济行为和经济联系，因此在模型中变量初始值的确定、方程中参数的标定，必然涉及社会经济体各方面大量的数据，这些数据反映了国民生产总值核算、投入产出核算、资金流量核算、资产负债核算和国际收支核算五项内容。国民经济核算基于会计学的基本原则：有借必有贷、借贷必相等，即每一笔收入对应一笔支出。SAM 采用单一记账的方式来表达这种复式记账原则，在形式上用一个矩阵或表格来记录账户之间的交易，矩阵的行表示账户的收入，列表示相应的支出。矩阵的行和列必须相等，体现收入等于支出的原则。它在投入产出表的基础上增加了机构账户，如居民、政府、国外（世界其他地区），表现生产活动、生产要素、机构收入、消费支出和投资储蓄之间的联系。投入产出表只能表现生产账户中部门的投入产出关系和要素收入结构，侧重于对生产活动的刻画。因此，SAM 比投入产出表的内容更加丰富，反映了一定时期内社会经济主体间的各种经济联系（United Nations，1995）。

自 20 世纪 60 年代第一个 SAM 作为剑桥增长项目（Cambridge Growth Model）的一部分在 Richard Stone 教授领导下建立（Stone et al.，1962），旨在为剑桥增长项目提供数据基础。此后，在世界银行的大力推动下，目前已有 50 多个国家先后构造了 SAM，并广泛应用于投入产出、税收负担研究、收入分配、自由贸易分析、气候变化和地区分配等方面的分析。相对来说，我国在编制和应用 SAM 的工作起步较晚，但近年来取得了迅速的发展。我国至今没有官方发布的 SAM，大多的 SAM 是为特定 CGE 模型建模服务的，因此不同研究中采用的 SAM 的账户结构、编制方法等均有不同，但基本都是在投入产出表的基础扩展而来的。按照我国现行的国民经济核算体制，国家统计局一般滞后 2~3 年正式发布和出版中国投入产出表。自 1987 年以来，国家统计局先后正式发布了 1987 年、1992 年、1997 年、2002 年和 2007 年五张普查型投入产出表，并在逢 5 和 0 的年份发布投入产出延长表。李善同等（1996）以 1987 年的中国投入产出表为基础编制了中国第一张 SAM 表。1987 年以来的 SAM 表已由国务院发展研究中心陆续编制完成，成为研究中国问题的 CGE 模型的数据标定基础。国内其他学者的研究对于 SAM 在我国的发展和应用起到了一定的推动作用（郭菊娥等，2005；高颖和何建武，2005；侯瑜，2006；王其文和李善同，2008；范金和万兴，2007）。

由于相关的著作已经对 SAM 的设计、构建方法做了详细的介绍（王其文和高颖，2008；赵永和王劲峰，2008；王铮等，2010；邓祥征，2011），本书不作过多的重复讨论，只简单介绍 SAM 的基本结构。表 3-1 给出 SAM 的基本结构。该 SAM 包含七类账户：活动账户、商品账户、要素账户（资本和劳动力）、国内机构账户（企业、居民和政府）、国外账户、投资-储蓄账户和存货变动账户。各账户代表的意义简介如下。

（1）活动账户。生产活动账户描述国内生产部门的活动。活动账户的横行为生产部门的收入，来源于国内市场上的商品销售、对外出口以及政府部门对出口的补贴（出口税可以看作负的出口补贴）。列为生产部门的各项支出，由中间投入和增加值构成，后者具体表现为要素报酬（劳动力报酬和资本回报）和上缴政府的增值税。在活动账户中满足"总投入＝总产出"。

（2）商品账户。商品账户描述的是国内市场上的商品供给与需求的关系。行中的商品账户表示收入来源，包括用于满足中间投入需求和最终消费需求，最终消费需求包括居民消费、政府消费、国外需求、固定资本形成和存货增加。列表示商品账户的支出，包括对国内产品的购买、从国外进口商品和缴纳的税收款项。

（3）要素账户。要素账户描述生产过程中投入的各种要素的收入和支出，包括劳动力和资本两个子账户。行表示要素的收入，表现为通过提供劳动而获取的工资和资本的汇报。列表示要素的支出，要素收入以劳动报酬、资本收益、企业利润留成、要素税的形式分配给各机构部门。

（4）居民账户。居民的收入来源于提供劳动而获取的劳动报酬、企业的分配收入、政府的转移支付（如补贴）、国外的转移支付（如汇款）。居民的支出为对商品的消费、向政府缴纳的税费。收入和支出的差额为居民的储蓄。

（5）企业账户。企业的收入主要来自企业的资本收入和各类转移支付，而支出为对居民的利润分配和向政府缴纳的各种税费，剩余收入进入投资-储蓄账户成为企业部门储蓄。

（6）政府账户。政府的收入主要来源于各种税费和来自国外的转移支付，包括商品账户的进出口关税、活动账户的间接税、企业所得税、个人所得税、接收的外国援助。政府支出包括对商品的购买、其企业和部门的补贴及转移支付、对国外的转移支付等。收入和支出的差额构成政府储蓄。

（7）国外账户。国外账户也称世界其他地区账户，主要描述国际收支平衡。行表示国外账户各项收入的来源。列表示国外账户的各项支出，包括对我国的商品进口以及对居民、企业的转移支付等。收入和支出的差额是国外对我国的外汇净流入或者外汇净流出。

（8）投资-储蓄账户。投资-储蓄账户描述社会总资本的来源和去向。行表示储蓄账户，分别来源于居民储蓄、企业储蓄、政府储蓄和国外的净资本流入。列表示投资账户，代表该账户从储蓄得到资金后进行投资，形成对生产部门的投资需求。

（9）存货变动账户。存货变动账户主要描述存货的净变动情况，正值表示年度存货净增加，负值表示年度存货净减少。

表 3-1　SAM 的基本结构

账户分类	活动账户	商品账户	要素账户 资本	要素账户 劳动力	机构账户 企业	机构账户 居民	机构账户 政府	国外账户	投资-储蓄	存货变动账户	汇总
活动账户		总销售									总产出
商品账户	中间投入					居民消费	政府消费	出口	固定资本形成	存货净变动	总需求
要素账户 资本	资本回报										资本收入
要素账户 劳动力	劳动力报酬										劳动收入
机构账户 企业			资本收入								企业收入
机构账户 居民				劳动力报酬			转移支付	转移支付			居民收入
机构账户 政府	生产税	进口税	要素税		企业所得税	个人所得税		转移支付			政府收入
国外账户		进口					转移支付				外汇支出
投资-储蓄账户					企业储蓄	居民储蓄	政府储蓄	国外净储蓄		存货变动	总储蓄
存货变动账户									存货变动		存货变动
汇总	总投入	总供给	资本回报	劳动力回报	企业支出	居民支出	政府支出	外汇收入	总投资	存货变动	

3.2 环境经济一体化社会核算矩阵

3.2.1 ESAM 的特征与发展历程

在环境 CGE 模型的组成结构中必定包含大量需要确定的参数，如税率、份额参数、分配系数、弹性等外生变量和方程系数，模型通过对这些参数赋初值的方式展开计算模拟。一般而言，参数值的标定要求有一个全面、一致、平衡的多部门数据集。鉴于此，包含资源环境账户的社会核算矩阵——ESAM 能够满足环境 CGE 模型对数据的要求。ESAM 就是在 SAM 的基础上，对活动、商品和要素账户进行扩充，加入与环境保护相关的生产活动账户、商品账户以及资源环境要素账户，如在生产活动中加入环境治理活动账户、在商品服务账户加入环境治理服务这一类商品账户、在要素账户中增加污染排放账户等。ESAM 通过对生产活动、要素投入和消费主体进行分类核算，将社会生产与污染削减紧密结合起来，将污染削减部门的生产和消费活动、生产部门对污染削减所支付的费用、排污税或排污费政策、污染治理补贴、环境投资以及排污许可等环境保护相关的信息纳入传统 SAM 核算框架，全面阐述环境-经济系统中生产带来消费、产生污染，污染影响生产、阻碍消费，生产和消费结构变动进而影响经济发展水平和环境污染状况的经济—环境反馈过程。

把资源和环境因素纳入现有的社会经济核算，拓展和修正现有 SAM，使其成为绿色核算分析工具，是众多国家、学者和组织不懈探索和尝试的目标。其中，具有代表性的为荷兰学者提出的《包含环境账户的国民经济核算矩阵（NAMEA）》（De Haan et al., 1993）。在 NAMEA 提出后，其已先后在荷兰和芬兰等欧盟国家进行了试点核算。欧盟随后结合自身特点及各成员国已有的理论和实践，将其列入环境经济核算欧盟统一模式，并于 1997 年开始，相继在德国、奥地利、丹麦、挪威等开展了试点工作。澳大利亚和日本等也随后开展了 NAMEA 试点核算。其中，日本在此基础上，编制了基于 NAMEA 核算的 SAM 表。在多年的试点核算基础上，联合国于 2003 年将 NAMEA 纳入环境与经济综合核算体系（SEEA）第三版中，正式向所有会员国推出（United Nations，2003）。最早的 ESAM 是由世界银行的 Xie（1996）在其建立的一个用于污染控制政策分析的环境 CGE 模型中提出的。早期 ESAM 的编制是按照环境 CGE 模型中经济主体的支付流向展开的。由于环境 CGE 模型是按照"产污—治理—净排放"的闭合核算方式对环境账户进行扩展研究的。因此，在实际应用中，可以根据研究问题的需要选择有限的污染物种类, 完全没有必要构造无所不含的 ESAM, 这大大减轻了矩阵构建的难度 (高颖和李善同, 2008)。

3.2.2 ESAM 的基本结构

由于 ESAM 是在传统 SAM 账户基础上扩展而来的, 因而其社会经济活动的相关账户设置同传统 SAM 核算矩阵的账户一致, 也包括活动账户、商品账户、要素账户 (资本和劳动力)、国内机构账户 (企业、居民和政府)、国外账户、投资-储蓄账户和存货变动账户七类账户。一个基本的 ESAM 需要在 SAM 的基础上, 对活动、商品和要素账户进行扩充。表 3-2 给出了 ESAM 的基本结构。

(1) 在生产活动中增加环境治理活动账户, 主要描述为其他生产部门提供环境治理服务的环境治理部门的活动。环境治理活动账户的行表示环境治理部门的收入, 主要有三个收入来源: 一部分来自于生产部门对环境治理服务的购买; 一部分来自于居民对环境治理服务的支付; 还有一部分来自于环境治理服务部门的出口收入。环境治理活动账户的列表示环境治理部门的各项支出, 同生产部门一样, 环境治理部门的支出也由中间投入和增加值构成, 后者具体表现为要素报酬 (劳动力报酬和资本回报) 和上缴政府的增值税。

(2) 在商品账户中单列环境治理服务账户, 用于描述环境治理部门产出的环境服务产品。环境治理服务账户的行表示收入来源, 包括用于满足生产部门的环境治理投入需求和最终消费需求, 最终消费需求包括居民对环境治理服务的需求、国外需求、固定资本形成和存货增加。列表示环境治理服务账户的支出, 包括对生产部门提供的产品和服务的购买、从国外进口商品和缴纳的税收款项。

(3) 污染排放账户的行表示污染物的净排放量, 主要记录各生产部门产生的污染物经污染治理后最终向环境中排放的污染物数量, 通常用物理量表示。行同时记录政府向排污者征收的排污费收入。列表示去除的污染物数量, 主要记录环境治理部门实际削减的污染物数量。污染物的排放实际上是生产过程的"负产出", 在环境 CGE 模型中通常作为要素投入处理, 也就是生产部门必须匹配一定排放配额才能正常进行生产活动。由于现实中使用资源环境要素所支付的费用远远不能反映资源环境要素的真实价值, 而且很多情况下从企业会计核算角度看是免费的。为了正确反映资源环境要素的经济价值, 必须在实物核算的基础上进行价值估算。

表 3-2　ESAM 的基本结构

支出账户

收入账户＼支出账户	活动账户·生产部门	活动账户·治理部门	商品账户·商品	商品账户·治理服务	要素账户·劳动力	要素账户·资本	居民账户	政府账户	投资账户	国外账户	汇总	去除的污染物（物理量）
活动账户·生产部门			总产出								总产出	
活动账户·治理部门				治理供应								去除的污染物
商品账户·商品	中间需求						居民消费	政府消费	投资	出口	总需求	
商品账户·治理服务		治理需求					治理需求					
要素账户·劳动力	要素增加值										要素收入	
要素账户·资本												
居民账户								转移支付		转移支付	居民收入	
政府账户	间接税费		关税		要素税		所得税			转移支付	政府收入	
储蓄账户							居民储蓄	政府储蓄		国外储蓄	总储蓄	
国外账户			进口								外汇支出	
汇总	总成本		总供给		要素支出		居民支出	政府支出	总投资	外汇收入		
污染排放账户（物理量）	污染排放							污染排放	排污费收入			

48

3.2.3　ESAM 的编制方法

根据数据的来源和处理方法，ESAM 的编制方法主要有自上而下（top-down）和自下而上（bottom-up）两种方法。自上而下法是在对已知总量信息进行分解的基础上形成的 ESAM 构建方法。该方法是在 SAM 的编制过程中提出的，首先基于国家或地区的投入产出表和相关的国民经济核算信息，编制账户高度集结的宏观 SAM，然后根据相关的统计资料利用数据之间的比例关系对宏观 SAM 进行分解，即可形成针对不同研究需要的 SAM。自下而上法是充分利用现有资料进行分类汇总得到 ESAM 的方法。与自上而下法强调数据一致性的特点不同，自下而上法的编制起点是不同来源的各种详细数据，强调数据的准确性。

从我国的实践来看，ESAM 的编制可以采用以自上而下法为主、自下而上法为辅两种方法相结合的办法来编制。自下而上法实际上就是对收集的环境信息和经济统计信息进行归纳，而自上而下法可理解为对环境系统与经济系统的相互作用关系的演绎。在我国现阶段，受统计能力的限制，一些账户缺乏详细而准确的统计数据，完全依赖自下而上的统计数据归纳编制 ESAM 难度较大。因此，以自上而下法为主，从已知的控制总量信息出发，首先编制宏观 SAM，有利于不同来源的信息现行相互校对，然后再根据各自的统计信息对各总量进行分解获取ESAM，有利于快速准确的编制 ESAM。同时，一个好的 ESAM 需要大量准确的数据作为支撑，针对具体研究问题的不同，在有可行统计数据的支持下，可将重要的信息按照从下而上的方法纳入到 ESAM 的编制过程中。例如，我国现在每 5 年进行一次污染源普查信息，获取了大量的环境统计数据，这些统计数据如按照一定的方式纳入到 ESAM 中，将大大增加 ESAM 的环境信息丰富度，有利于构造更具应用性的环境 CGE 模型。当详细的 ESAM 出现账户收支不平衡时，采用一定的处理技术，如 RAS 或交叉熵法，使其平衡。

在实际的 ESAM 编制过程中，方法的选择在很大程度上还应取决于 ESAM 中各账户对所研究问题的相对重要性。也就是说，ESAM 中的某类账户是研究所重点关注的对象，其数值应尽可能严格估算以尽量准确地反映社会现实，这些账户不适合作为余项来处理，需要收集大量的基础数据或者设计专门的调查方案来进行估计。现实中普遍的做法是将官方发布的宏观统计资料当作可靠的数据，如国民经济核算数据、投入产出表、国民收入核算数据等，直接作为 ESAM 中对应账号的取值。同时，ESAM 中那些缺乏官方数据支持的账户往往就通过余项处理的方法来取值，以保证整个 ESAM 的平衡。

3.3 SAM 的更新与平衡方法

由于编制 SAM 的数据来自不同的数据集，甚至是不同的时期。例如，生产活动和商品账户的数据来自于投入产出表，详细的居民分类消费数据来自于某些特定的专项社会调查，政府收入和支出数据可能来自于税务统计年鉴和财政统计年鉴，居民储蓄、企业储蓄、政府储蓄和国外储蓄可能来自于资金流量表和国际收支平衡表，环境保护相关的数据则可能来自环境统计年报、污染源普查，还有的账户数据难以获取是通过账户的余项来处理的，再加上抽样调查和统计误差等因素。当把这些不同来源的数据融合到一个 SAM 框架中时，就会导致 SAM 的不平衡，即 SAM 的行和列不相等，需要在某些约束条件下对其进行调整，使其满足一致性要求。另外，编制投入产出表和 SAM 需耗费大量人力、物力以及时间，若每年编制成本极高。我国现行是每隔 5 年，逢 2 和 7（如 2002 年、2007 年）编制调查表，逢 0 和 5（如 2000 年、2005 年）编制延长表，编表之后 2~3 年才对外公布。而投入产出表和 SAM 又是投入产出和 CGE 模型中最重要的基础数据，矩阵的数据精度严重影响模型的模拟结果。

针对 SAM 矩阵行列不相等的现象，我们可以选择在 SAM 中增加一个误差项账户来保留相关误差，但更为常用的做法是 SAM 的账户数据进行调整使其平衡。调整方法有两种：一是根据相关辅助信息，手动调整相关账户，分析判断数据不一致的过程实际上也是对现有统计资料的检验；二是通过数学方法进行调整，如RAS（R 为行乘数，A 为初始矩阵系数，S 为列乘数）法、交叉熵法（cross-entropy method，CE）或最小二乘法等，来强制 SAM 平衡。由于 SAM 是稀疏矩阵，达不到标准统计方法所要求的足够自由度，因此这种调整多数不是统计意义上的，而是对观测值误差的估计和调整。SAM 的调整从广义上来说是"约束矩阵问题"（eonstrained matrix problem），即在给定信息下，计算出最可能好的未知矩阵，要求要么与已知矩阵的"偏离"（distance）最小，要么是另外一个已知矩阵的函数形式。对 SAM 数据更新与平衡问题的阐述如下。

已知 $X = (x_{ij})_{n \times n}$ 为 SAM 的交易价值流矩阵，x_{ij} 为从列账户 j 到账户 i 的支出，由于 SAM 是一个方阵，其行和列分别代表了统一经济行为主体的收入和支出，因此有

$$\sum_i x_{ij} = \sum_j x_{ij} = y_i \tag{3-1}$$

式中，y_i 为账户 i 的总支出和总收入。

$A = (a_{ij})_{n \times n}$ 为 SAM 的列系数矩阵，代表了列账户 j 的支出结构或者成本结构。

$$a_{ij} = \frac{x_{ij}}{y_j} \tag{3-2}$$

$$\sum_i a_{ij} = 1 \qquad Y = AY \tag{3-3}$$

式中，Y 为收入（支出）y_i 的列向量。

已知 SAM 新的行列和信息中 y_i^*，而没有投入产出流量信息时，SAM 的估计问题就是投入产出矩阵的修正问题。此问题的解决就是要寻找一个新的列系数矩阵 $A^* = (a_{ij}^*)_{n \times n}$ "近似" 与初始矩阵系数 $A = (a_{ij})_{n \times n}$，从而形成拥有新的行列和的矩阵 $X^* = (x_{ij}^*)_{n \times n}$。这里的 "近似" 就是假定初始系数矩阵是对成本结构的较好估计，所寻找的新的列系数矩阵能够反映大部分的信息，以保持成本结构的连续性。

在各种 SAM 的更新与平衡技术中，最为简单和传统的方法是 RAS 法。RAS 法可以追溯到 20 世纪 40 年代，它是矩阵平衡和更新中广泛应用的方法。它通过对行和列的 "双比例" 操作将一个非平衡矩阵 X^0 转换成一个平衡矩阵 X^1。此外应用较广的方法还有交叉熵法和最小二乘法等其他方法，每种方法都有优势和适用的情形。本节将详细介绍 RAS 方法、交叉熵法和最小二乘法以及这些方法的变形。

3.3.1 RAS 法

RAS 法及其变形被广泛应用于 SAM 的平衡或者更新过程，它适用于行列和均为已知的情形。RAS 法又被称为双边比例法（biproportional method），是由英国经济学家 Stone 及其助手提出的（Stone et al.，1962）。RAS 法一般可以做如下表述：在已知新的矩阵行列和的情况下通过行乘数 r 和列乘数 s 分别左乘和右乘初始矩阵 A^0 中的元素，生产一个相同维度 $n \times n$ 的新矩阵 A^1。这 $2n-1$ 个未知的行乘数和列乘数可以在 $2n-1$ 个独立的行向与列向的约束条件下，通过一系列的迭代调整过程而获得。

下面我们将使用规范的数学表达方式来说明 RAS 法的基本原理。

新的列系数矩阵 A^* 是这样得到的。

$$A^* = \tilde{R}A\tilde{S} \tag{3-4}$$

式中，$\tilde{R} = \mathrm{diag}[r_1, r_2, \cdots, r_n]$；$\tilde{S} = \mathrm{diag}[s_1, s_2, \cdots, s_n]$，即

$$a_{ij}^* = r_i a_{ij} s_j \tag{3-5}$$

也就是说，A^* 是通过对 A 进行双边同比例的行列变换得到的，因子 r_i 的存在反映了同一列账户在不同行账户支出上的变化，即成本结构的变化；而因子 s_j 的存在反映了同一行账户从不同列账户上所获得的收入的变化，即收入结构的变化。在行列具体结构信息未知的情况下，等比例调整可以避免将不可验证的经济机制人为地植入信息结构之中。

此方法可以通过迭代过程求解，步骤如下。

第一步：$r_i^1 = \dfrac{x_i^*}{x_i} \Rightarrow x_{ij}^1 = r_i^1 x_{ij} \Rightarrow s_j^1 = \dfrac{x_j^*}{x_j^1} \Rightarrow x_{ij}^2 = x_{ij}^1 s_j^1$；

第二步：$r_i^2 = \dfrac{x_i^*}{x_i^2} \Rightarrow x_{ij}^3 = r_i^2 x_{ij}^2 \Rightarrow s_j^2 = \dfrac{x_j^*}{x_j^3} \Rightarrow x_{ij}^2 = x_{ij}^3 s_j^1$；

$\vdots$

第 n 步：$r_i^n = \dfrac{x_i^*}{x_i^{2(n-1)}} \Rightarrow x_{ij}^{2n-1} = r_i^n x_{ij}^{2n-2} \Rightarrow s_j^n = \dfrac{x_j^*}{x_j^{2n-1}} \Rightarrow x_{ij}^{2n-2} = x_{ij}^{2n-1} s_j^n$。

$$x_{ij}^{2n-1} = \left(\prod_{k=1}^n r_i^k \right) x_{ij} \left(\prod_{h=1}^{n-1} s_j^h \right) = R_i^n x_{ij} S_j^{n-1} \tag{3-6}$$

$$x_{ij}^{2n} = \left(\prod_{k=1}^n r_i^k \right) x_{ij} \left(\prod_h^n s_j^h \right) = R_i^n x_{ij} S_j^n \tag{3-7}$$

式中，$R_i^n = \left(\prod_{k=1}^n r_i^k \right)$；$S_i^n = \left(\prod_{h=1}^n s_i^h \right)$。

如果迭代过程收敛，可令

$$\lim_{n \to \infty} R_i^n = r_i \qquad \lim_{n \to \infty} S_j^n = s_j \tag{3-8}$$

由式（3-6）和式（3-7）可知 $\dfrac{s_j^n}{s_j^{n-1}} = s_j^n = \dfrac{x_j^*}{x_j^{2n-1}} = \dfrac{x_j^*}{\sum_i R_i^n x_{ij} S_j^{n-1}}$，即

$$S_i^n = x_j^* \left(\sum_i R_i^n x_{ij} \right) \tag{3-9}$$

同理可得

$$R_i^n = x_j^* \left(\sum_j S_j^{n-1} x_{ij} \right) \tag{3-10}$$

将式（3-9）和式（3-10）分别取极限得

$$s_j = x_j^* \left(\sum_i r_i x_{ij} \right)^{-1} \tag{3-11}$$

$$r_i = x_i^* \left(\sum_j s_j x_{ij} \right)^{-1} \tag{3-12}$$

由式（3-11）和式（3-12）可得

$$s_j = \exp\{-1 - \alpha_i\} \qquad r_i = \exp\{-\beta_j\} \tag{3-13}$$

式中，α_i、β_j 均是关于已知新的行列和的信息，所以有

$$x_{ij}^* = r_i x_{ij} s_j = x_{ij} \exp\{-1 - \alpha_i - \beta_j\} \tag{3-14}$$

经典 RAS 法的最大特点就是应用简单，而且不局限于方针，RAS 法适用于任何规格的矩阵，因此也常常用于投入产出表的年度更新。但是 RAS 法仅仅从数学的角度满足了一系列约束并迭代出最终结果，无法将除行列和之外的其他方面的数据来源和新信息包括进来，而且那些被认为是准确的矩阵元素值在迭代过

程中无法固定。作为对经典 RAS 法的改进，Stone（1977）和 Byron（1978）提出了为不同的矩阵元素赋予不同权重的思路，如对那些数据来源更加可靠或者相对更加重要的矩阵元素赋予更高的权重，并进一步给出了求解方法。这两种改进方法均是在求解之前通过主观判断为初始矩阵元素的可靠性做出评价，并以方差矩阵的形式表现出来。这样，初始矩阵 A^0、方差矩阵以及 SAM 必须服从的一系列约束条件就构成了一个完整的问题，通过求解即可得到一个平衡矩阵 A^1 的新的估计。在算法方面，Byron（1978）通过使用基于"共轭梯度运算法则"的计算程序而提高了 Stone 求解方法的效率。

3.3.2 交叉熵法

"交叉熵"方法最早基于 Shannon（1948）的信息理论而提出的，并被 Jaynes（1957）应用于解决参数估计和统计推断的问题，Theil（1967）则将这一方法拓展应用于经济学的分析中。如果将交叉熵法应用于更新或平衡一个社会核算矩阵，那么该问题就可以表述为：在满足所有约束的条件下，通过最小化交叉熵差值的方法，找到一个与初始的社会核算矩阵 X^0 尽可能接近的新的社会核算矩阵 X^1。

以下以规范的数学表达形式来说明这一问题。

假定一个初始的 SAM 系数矩阵（即用矩阵中的各个元素除以其所在列的合计值）中的各个元素为 t_{ij}^0，而且目标矩阵各个列的合计值是确知的，其他方面的信息保持不变，那么求解新的 SAM 系数矩阵的问题可以借用概率的形式表达为

$$\min_{\{t^1\}} \mathrm{CE} = \sum_i \sum_j t_{ij}^1 \ln\left(\frac{t_{ij}^1}{t_{ij}^0}\right) = \sum_i \sum_j t_{ij}^1 \ln t_{ij}^1 - \sum_i \sum_j t_{ij}^1 \ln t_{ij}^0$$

$$\text{s. t.} \quad \sum_j t_{ij}^1 X_j = X_i$$

$$\sum_i t_{ij}^1 = 1 \tag{3-15}$$

式中，t_{ij}^1 为新的矩阵元素 (i, j) 的值，且 $0 \leqslant t_{ij}^1 \leqslant 1$；$X_i$ 和 X_j 分别为目标矩阵的行和与列和。

通过构建拉格朗日函数即可求得上述问题的解：

$$t_{ij}^1 = \frac{t_{ij}^0 \exp(\lambda_i X_j)}{\sum_{i,j} t_{ij}^0 \exp(\lambda_i X_j)} \tag{3-16}$$

式中，λ_i 即为拉格朗日乘数，其中包含了同行和与列和有关的重要信息，而分母则相当于一个标准化的因子，它将相对概率转化为绝对概率。t_{ij}^1 的表达式很容易使人联想到概率统计领域的贝叶斯理论，即后验分布（t_{ij}^1）等于先验分布（t_{ij}^0）

与似然函数相乘之后再除以标准化因子。

实际上，以上问题也可以直接基于 SAM 交易矩阵来表述，也就是用矩阵中的初始交易量的值来代替标准化矩阵中的值，这样，用交易矩阵中的流量值 x_{ij} 来替代式 $CE = \sum_{j} \sum_{i} t_{ij}^{1} \ln\left(\dfrac{t_{ij}^{1}}{t_{ij}^{0}}\right)$ 中的标准化系数值 t_{ij}，并定义 $x_{..} = \sum_{i} \sum_{j} x_{ij}$ 和 $x_{..}^{0} = \sum_{i} \sum_{j} x_{ij}^{0}$，目标函数 CE 就转化为

$$CE = \sum_{j} \sum_{i} \frac{x_{ij}}{x_{..}} \ln\left[\frac{\left(\dfrac{x_{ij}}{x_{..}}\right)}{\left(\dfrac{x_{ij}^{0}}{x_{..}^{0}}\right)}\right]$$

$$\Rightarrow CE = \frac{1}{x_{..}} \sum_{j} \sum_{i} x_{ij} \left[\ln\left(\frac{x_{ij}}{x_{ij}^{0}}\right) - \ln\left(\frac{x_{..}}{x_{..}^{0}}\right)\right] \tag{3-17}$$

$$\Rightarrow CE = \frac{1}{x_{..}} \sum_{j} \sum_{i} x_{ij} \ln\left(\frac{x_{ij}}{x_{ij}^{0}}\right) - \frac{1}{x_{..}} \sum_{j} \sum_{i} x_{ij} \ln\left(\frac{x_{..}}{x_{..}^{0}}\right)$$

$$\Rightarrow CE = \frac{1}{x_{..}} \sum_{j} \sum_{i} x_{ij} \ln\left(\frac{x_{ij}}{x_{ij}^{0}}\right) - \ln\left(\frac{x_{..}}{x_{..}^{0}}\right)$$

式（3-17）的最后一项为常数。

为使最小化问题有解，CE 必须满足条件 CE≥0，即

$$\sum_{j} \sum_{i} x_{ij} \ln\left(\frac{x_{ij}}{x_{ij}^{0}}\right) \geqslant x_{..} \ln\left(\frac{x_{..}}{x_{..}^{0}}\right) \tag{3-18}$$

需要注意的是，当 $x_{..} < x_{..}^{0}$ 时，式（3-18）的右边不一定为非负。

3.3.3 RAS 法和交叉熵法的关系

如果假设列系数矩阵 A 是由交易矩阵 X 这样形成的。

$$a_{ij} = \frac{x_{ij}}{\sum_{i, j} x_{ij}} \tag{3-19}$$

即列系数阵的构成元素是以相对于交易价值的总和来衡量，则目标函数就变成了一个单一交叉熵的形式。

$$CE = \sum_{j} \sum_{i} a_{ij}^{*} \ln\left(\frac{a_{ij}^{*}}{a_{ij}}\right) \tag{3-20}$$

式中，$a_{ij} = \dfrac{x_{ij}^{*}}{\sum_{i, j} x_{ij}^{*}}$，此时 SAM 的平衡就是解决以下优化问题。

$$\min \text{CE} = \sum_i \sum_j a_{ij}^* \ln\left(\frac{a_{ij}^*}{a_{ij}}\right)$$

$$\text{s. t.} \quad \sum_i x_{ij}^* = x_j^* \tag{3-21}$$

$$\sum_j x_{ij}^* = x_i^*$$

定义拉格朗日函数如下：

$$L = \sum_i \sum_j a_{ij}^* \ln\left(\frac{a_{ij}^*}{a_{ij}}\right) + \sum_i \lambda_i \left(\sum_j a_{ij}^* - \frac{x_i^*}{x^*}\right) + \sum_j \mu_j \left(\sum_j a_{ij}^* - \frac{x_i^*}{x^*}\right) \tag{3-22}$$

一阶条件为

$$\ln\left(\frac{\alpha_i^*}{\alpha_i}\right) = -1 - \lambda_i - \mu_j$$

即

$$a_{ij}^* = a_{ij}\exp\{-1 - \lambda_i - \mu_j\} \tag{3-23}$$

这就是 RAS 法解的结构，式（3-23）经过调整可以写成双边比例运算的函数形式 $a_{ij}^* = r_i a_{ij} s_j$，即 RAS 法的典型形式，也就是说，RAS 法就是一个最小交叉熵法。RAS 法是交叉熵法的一个特例，而交叉熵法是对 RAS 法的一般化。

3.3.4 最小二乘法

正如交叉熵法类似于经济计量学中的极大似然法一样，在 SAM 的平衡方法中还有一种方法类似于经济计量学中的普通最小二乘法（ordinary least squares, OLS），这一方法是在 Hildreth 和 Houck（1968）的约束模式下 OLS 分析的基础上建立的。对于最小二乘法来说，无须预先对误差项的分布做出任何假定，但是这一方法要求因变量与解释变量之间存在线性关系。相对地，极大似然估计量并不强调线性关系，而是假定误差项服从（联合）正态分布。

该方法可以表述为：从初始矩阵 A^0 出发，通过最小化一实际值或百分比表示的初始值和目标值之差的平方和，得到最终的目标矩阵 A^1。

$$\min_{a_{ij}^1} \sum_i \sum_j |a_{ij}^1 - a_{ij}^0|^2 \tag{3-24}$$

或

$$\min_{a_{ij}^1} \sum_i \sum_j \left|\frac{a_{ij}^1}{a_{ij}^0} - 1\right|^2 \tag{3-25}$$

$$\text{s. t.} \quad \sum_i a_{ij}^1 = \sum_j a_{ij}^1 \tag{3-26}$$

式中，a_{ij}^0 和 a_{ij}^1 分别为初始矩阵和最终目标矩阵中的元素。

第4章　基于污染减排目标的中国绿色转型成本效益模拟分析

"十二五"时期是我国全面建设小康社会的关键时期，也是转变经济发展方式，调整产业结构和克服资源环境约束的攻坚时期。温家宝在2012年的《政府工作报告》中强调，要加快转变经济发展方式，促进产业结构优化升级。李克强在第七次全国环境保护大会上强调，要坚持在发展中保护、在保护中发展，充分发挥环境保护对经济转型的倒逼作用，促进经济发展方式的绿色转型。目前，中国正在实施的经济社会发展第十二个五年规划充分体现了中国政府绿色转型发展的决心，那就是："我们绝不靠牺牲生态环境和人民健康来换取经济增长，一定要走出一条生产发展、生活富裕、生态良好的文明发展道路。"

4.1　中国绿色转型面临的挑战与机遇

绿色转型是指由过度浪费资源、污染环境的发展方式向资源节约循环利用、生态环境友好的绿色发展方式转变。从其内涵来看，绿色转型是经济迈向"能源资源利用集约、污染物排放减少、环境影响减低、劳动生产率提高、可持续发展能力增强"的过程。绿色转型不仅包括传统产业通过技术改造、管理创新和公益参与等途径实现绿色升级，也包括通过结构调整建立高效、灵活、低耗、清洁，并具有良好经济效益和生态效益的先进制造业和现代服务业。与传统的"黑色"、"褐色"或者"灰色"发展模式相比，绿色转型的内涵覆盖整个经济价值链的各个环节，目标和任务也会不断调整，而这种调整要以资源和环境承载力为依据。

4.1.1　绿色转型是中国经济发展的战略性选择

中国正处于工业化、城镇化快速发展的进程中，发展中不平衡、不协调、不可持续的问题还很突出，面对应对气候变化的国际压力和日益加大的资源环境约束，中国经济迫切需要加快绿色转型。中国的资源禀赋差、人均占有量低，生态环境脆弱，各地发展很不平衡，按照新的国家扶贫标准，我国还有

1.28 亿农村贫困人口，每年新增劳动力 1000 多万人，发展经济和保护环境的任务都十分繁重。

资源环境约束已经成为限制我国社会经济可持续发展的主要因素。1978～2010 年，我国 GDP 年均增长 9.8%，经济总量由世界第十上升为世界第二。2010 年我国人均 GDP 达到 4400 美元，已经进入中等收入偏上国家的行列。但是，发达国家上百年工业化过程中分阶段出现的环境问题，在我国近 30 年来集中爆发，不断损害我国经济社会赖以发展的环境资源家底。从要素投入结构看，我国在进入中等收入阶段后，资源消耗偏高，污染排放强度偏大。我国化学需氧量（COD）和二氧化硫的"十一五"减排目标虽然顺利实现，但排放量目前仍高居世界第一。中国的能耗占世界能耗总量从不到 8% 提高到 2010 年的 20.6%。二氧化碳的排放量从 2000 年的不到 10% 上升到 2010 年的 26%。2010 年，中国人均 GDP 是世界平均水平的 50%，而人均排放量已经是世界平均水平的 1.3 倍。如果继续维持现有的经济增长方式和环境管理模式，我国将不可避免地带来资源耗竭和大规模不可逆转的环境恶化，给我国人民的健康和福祉以及未来经济社会发展能力带来深远的、战略性的不利影响。

环境和社会问题也不再仅仅是中国经济增长的"副作用"，经济发展、社会公平与环境影响之间的密切关系共同构成了中国绿色转型的重要驱动因素。根据环境保护部环境规划院的最新预测，中国的经济增长对环境造成的损害超过 1.4 万亿元，相当于 2009 年 GDP 的 3.8%，主要表现为污染排放、土壤退化和湿地资源减少。2004～2009 年的核算结果表明我国经济发展造成的环境污染代价持续提高，仅基于环境退化成本的环境污染代价就从 2004 年的 5118 亿元提高到 2009 年的 9701 亿元，年均增长 15.0%，超过同期 GDP 增长率。如果还考虑其他形式的环境退化，代价甚至更高。总之，中国将无法支付"黑色"或者"褐色"经济增长所需要的成本，环境退化正在引发严重的经济问题和社会问题，并将阻碍经济的可持续发展与未来的经济繁荣。绿色转型是中国经济战略发展的必然选择，也是中国实现全面、协调、可持续发展的必由之路。

4.1.2 中国绿色转型面临的障碍与挑战

我国在"十一五"规划中提出了节能减排的达标任务，淘汰了一大批高耗能、高污染、高排放的产业，优化了产业结构。但是中国绿色经济发展还处于初级阶段，理论和实践都尚未成熟，存在诸多障碍和挑战。

一是经济增长方式的惯性和产业结构调整的滞后。不少地方仍然通过固定资产投资拉动经济，实现 GDP 增长，跨越式发展的冲动依然很强烈。对地方官员

57

的政绩考核体系在一定程度上仍是以经济总量和经济增长速度为重点，导致大项目、大投入和大增长仍是各级地方官员和决策者考虑的中心问题。

二是绿色转型的内在驱动力不足。当前，我国仍通过政府主导的投资政策来推动绿色转型，即采取"自上而下"的行政强制驱动方式。缺乏系统的政策安排激励和吸引企业等市场主体主动进入绿色经济领域、发展绿色产业。

三是环境保护优化经济增长的总体局面没有形成，在很多地方依然是经济"倒逼"环境。在社会综合决策中，环境保护部门尚未真正成为经济社会发展各阶段决策和管理的重要部门。当前的环境经济政策以及环境管理能力无法适应通过环境保护推动国家绿色转型的客观要求。在环境经济政策方面，无论是排污权交易政策、生态补偿政策，还是绿色信贷、环境责任保险等都处于起步阶段。在社会综合决策中，环境保护部门尚未真正成为经济社会发展各阶段决策和管理的重要部门。

4.1.3　环境保护是绿色转型的重要抓手和途径

环境保护应成为推动我国经济绿色转型的重要抓手和途径。从绿色经济的内涵和目标看，环境保护既是发展绿色经济的重要出发点和归宿之一，也是实现经济绿色转型的助推器，环境保护和管理的多种手段和工具在发展绿色经济过程中大有可为。例如，2007 年以来环境保护部及其前身国家环保总局通过"环评风暴"和"区域限批"等手段倒逼地方政府寻求经济发展和环境保护之间的结合点，力促地方政府和高污染行业加强环境治理，淘汰落后产能，优化产业结构。

2011 年 3 月全国人大批准通过的国民经济发展"十二五"规划被称为中国的绿色发展规划。"十二五"规划的总体战略目标是加快经济增长方式的结构调整，以实现包容、绿色以及有竞争力的经济发展模式；规划包含多个与绿色经济发展直接相关的宏观经济与环境发展指标，主要污染物排放更是进一步强化了总量约束性目标，明确提出 2015 年全国化学需氧量和二氧化硫比 2010 年排放总量分别下降 8%，全国氨氮和氮氧化物比 2010 年排放总量分别下降 10%。节能减排综合方案明确了具体任务和措施，政府引导与市场机制拉动绿色经济，通过强化节能减排，推动形成节约能源资源、保护生态环境和有利于应对气候变化的产业结构、增长方式、消费模式。

在当前我国国内市场和社会本身并不存在内在驱动绿色转型的肥沃土壤的情况下，通过环境保护优化经济发展，倒逼产业升级和结构调整仍是今后一段时期我国绿色转型发展的重要推动力。从中国的实践来看，绿色经济并不是产业升级和技术进步的产物，而是资源环境约束的结果，绿色转型的途径就是要充分发挥环境保护优化经济增长的作用。绿色转型就是发展，是为了中国经济更强劲、平衡和长久地发展。而环境保护既是发展，也是转型，加强环境保护可以优化经济增长。绿色转型势必对社会经济产生重大影响。一方面，在推动经济向绿色、低碳化转型的过程中，需要付出一定的成本和代价；另一方面，保护环境、促进节约资源会带来大量新的需求，促进技术进步，催生新的产业，为经济发展增添新的动力；而污染物减排所带来的环境效益和社会效益更是不可估量。

然而，减排目标如何实现，又是如何推动绿色转型？转型需要付出多大的成本，又能带来哪些效益？经济增长和环境污染能否脱钩？政策的关键点应该放在哪里？这一系列的问题仍然需要我们通过细致的分析来做出回答。可计算 CGE 模型作为经济学领域有效的实证分析工具，能够为回答上述问题提供有力支持。CGE 模型通过明确地定义出各种经济主体的生产函数和需求函数的数学表达式，深刻地揭示出微观经济结构和宏观经济变量之间的连接关系；通过引入经济主体的优化行为，描述投入之间的替代关系和需求之间的转换关系，用非线性函数关系替代了传统的投入产出模型中的一些线性函数关系，反映出不同部门之间、经济主体之间明确的相互依赖和相互作用的数量关系，使考察来自经济某一部分的扰动对经济另一部分的影响成为可能。CGE 模型的这些特性，为分析评估我国实施绿色转型战略的成本和效益提供了有力的技术支持。

本书以我国"十二五"环境保护规划提出的污染减排目标作为约束条件，利用环境保护部环境规划院开发的 GREAT-E 模型模拟我国"十二五"污染减排目标对经济转型的"倒逼"机制（Qin et al.，2011；2012），系统评估污染减排目标约束下我国实施绿色转型战略的成本和效益，揭示环境保护对经济发展的优化作用，为我国现阶段克服资源环境约束和实现经济发展绿色转型提供可借鉴的理论和实证依据。

4.2 基于减排目标的绿色转型成本效益分析模型

总量减排目标实际上是要求经济系统将环境成本内部化的一种约束机制，经济系统在各种减排机制中选择成本最小化的措施或者组合来减少污染物排放，实现既定环境目标下的经济效益最大化。在这一过程中，污染治理、技术改造和产业结构优化升级就构成了减排目标约束下绿色转型发展的重要内容。这些环境治理活动产生或带动的增加值计入 GDP，而环境治理成本内部化到国民经济生产活动中后导致的 GDP 损失就构成了减排目标约束下绿色转型发展的经济成本。由于既要减少污染增量，又要减少污染存量，"十二五"期间我国化学需氧量、氨氮、二氧化硫和氮氧化物总的减排量将分别占2010年排放基数的24%、29%、26%和31.4%。减少的这部分污染物避免的环境损害成本就构成了减排目标约束下绿色转型发展的环境效益。因此，本书利用环境CGE模型来模拟实现总量减排目标对经济的影响来确定绿色转型的经济成本，污染减排的环境效益则通过绿色GDP的核算结果估算。

4.2.1 动态环境经济一般均衡模型的构建

为了研究环境保护目标对经济发展的约束，我们在可计算CGE模型中将环境治理活动从生产部门中单列，将污染物排放作为一种生产要素纳入到生产函数中，构建基于减排目标的绿色转型成本效益分析模型。扩展后的CGE模型能够模拟环境与经济之间的传导机制，全面反映减排目标执行过程中的连锁反应与反馈效应。为实现减排目标，在GREAT-E模型中经济系统通过四种机制减少污染物排放：①末端治理；②过程减排（如清洁生产、工艺改造等）；③结构调整；④减少生产规模。图4-1给出了模型的基本结构。

模型中采用多层嵌套的CES函数来描述生产要素之间的不同替代性。模型首先假定企业可以根据成本最小化原则在改进生产技术和投资污染治理（或者购买专业环境治理服务），因此在第一层模型利用CES函数来描述企业生产技术和环境服务之间的不完全替代关系。在下一层生产部门的生产技术和环境服务部门的生产技术采用各自不同的多层嵌套的CES函数来描述。

对于生产部门，产品产出由合成中间投入和合成要素禀赋的组合决定，采用CES函数来描述其替代性。在第二层次，合成中间投入采用Leontief函数描述为对各部门中间产品的需求，而要素禀赋合成束采用CES函数描述劳动力和资本账户的组合。劳动力、资本可以根据研究的需要做进一步的分解。生产中各种要素间可替代的程度取决于它们的替代弹性和在基准年生产过程中的份额。

对于环境服务部门，决策需要根据国家的环境保护政策在排污和减排之间进行选择，通过CES函数来描述二者之间的不完全替代关系。环境治理部门本身的生产结构同其他生产部门一样，在此不再详细说明。

4.2.2 环境经济一体化社会核算矩阵的编制

要利用CGE模型开展政策模拟，就需要有高质量的数据集作支撑，数据问题在求解CGE模型过程中发挥着举足轻重的作用。在环境CGE模型的组成结构

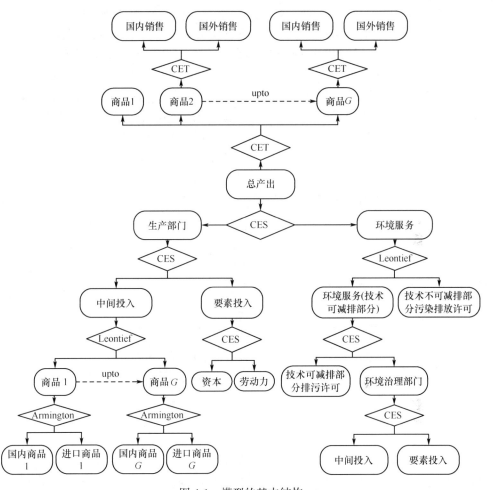

图 4-1 模型的基本结构

中必定包含大量需要确定的参数，如税率、份额参数、分配系数、弹性等外生变量和方程系数，模型通过对这些参数赋初值的方式展开计算模拟。一般而言，参数值的标定要求有一个全面、一致、平衡的多部门数据集。SAM 是一定时期内（通常是一年）对一国（或者一个地区）经济的全面描述。SAM 把投入产出表和国民经济核算表结合在一起，整合到一张表上，全面描述了整个经济的图景，它反映了经济系统一般均衡的基本特点，为 CGE 模型提供了必要而完备的数据基础。

由于我国缺乏官方发布的 SAM 表，同时，传统 SAM 表没有单列环境治理部门和污染排放账户。因此，本书以国民经济投入产出表为主要数据来源，通过增加非生产性机构账户（如居民、政府、国外等账户）构建 SAM。然后，通过单列细化的环境污染治理部门和环境污染排放要素账户，设计并编制能够反映污染治理、环境要素与经济部门之间全面数量关系的 ESAM，从而将环境系统和经济系统统一在一个框架下。

本书将国民经济划分为 30 个生产部门和 7 个环境治理部门，部门列表见表 4-1。部门间的中间投入产出数据来源于中国 2007 年投入产出表，居民储蓄、政府储蓄和国外储蓄数据来源于资金流量表，税收数据来源于《中国税收年鉴 2008》，政府收入和支出数据来源于《中国财政年鉴 2008》，环境治理部门的中间投入和投资数据来源于《中国环境统计年报 2007》，环境治理部门的中间需求通过投入产出表中环境管理业的中间需求系数进行估算。表 4-2 给出了 ESAM 简表。

表 4-1　行业部门划分

编号	行业名称	编号	行业名称
1	农业	20	交通运输、仓储及邮政业
2	采掘业	21	信息传输、计算机服务及软件业
3	食品及烟草制造业	22	批发零售业
4	纺织服装及皮革制造业	23	住宿和餐饮业
5	木材加工及家具制造业	24	金融业
6	造纸印刷及文体用品制造业	25	房地产业
7	石油加工、炼焦及核燃料加工业	26	租赁和商务服务业
8	化学工业	27	科学研究和技术服务业
9	非金属矿物制品业	28	水利、环境和公共设施管理业
10	金属冶炼压延加工及金属制品业	29	居民服务和其他服务业
11	通用专用设备制造业	30	教育卫生、文体娱乐及其他公共管理业
12	交通运输设备制造业	31	化学需氧量治理
13	电气机械及器材制造业	32	氨氮治理
14	通信设备、计算机及其他电子设备制造业	33	其他水污染物治理
15	仪器仪表及文化、办公用机械及其他制造业	34	二氧化硫治理
16	电力、热力的生产和供应业	35	氮氧化物治理
17	燃气生产和供应业	36	其他大气污染物治理
18	水的生产和供应业	37	固废治理
19	建筑业	—	—

表 4-2　中国 2007 年 ESAM 简表

（单位：亿元）

账户		农业	工业	服务业	环境治理	农业	工业	服务业	环境治理	劳动力	资本	居民	政府	国外	储蓄-投资	合计
活动账户	农业					48 635										48 635
	工业						574 565									574 565
	服务业							191 321								191 321
	环境治理								3 506							3 506
商品账户	农业	7 151	25 658	2 665	141							11 978	354	707	2 382	51 036
	工业	10 227	358 106	47 464	1 404							40 441	0	80 795	101 391	639 828
	服务业	3 056	53 810	38 734	491							46 081	34 525	13 276	7 160	197 134
	环境治理	30	1 094	217	0							135	0	0	2 030	3 506
要素账户	劳动力	26 723	46 416	36 607	717									400		110 862
	资本	1 401	62 126	54 214	656											118 397
机构账户	居民									110 862	118 397					229 259
	政府	48	27 354	11 420	96							24 665		−12		63 571
	国外					2 401	65 263	5 813	0							73 477
	储蓄-投资											105 959	28 692	−21 688		112 963
合计		48 635	574 565	191 321	3 506	51 036	639 828	197 134	3 506	110 862	118 397	229 259	63 571	73 477	112 963	

4.2.3 模型参数的标定

模型的参数估计是模型从理论到实践的关键一步，参数估计的准确性直接影响模型的准确性。参数估计的方法主要有计量经济学方法和校准法。计量经济学方法主要是利用历史数据进行回归分析，得到相应的参数；校准法可以利用构建的 SAM，对模型参数通过校准的方法求得数值（黄卫来和张子刚，1997）。

在本书中，进出口税率、直接税率、间接税率以及居民消费份额、政府消费份额等份额参数，通过 SAM 标定获取。各种弹性参数则主要参考了前人的研究（Dervis et al.，1982；Zhuang，1996；郑玉歆和樊明太，1999；Zhai，2005；He et al.，2010）。劳动力和资本要素之间的 CES 替代弹性参数为 σ_{VAT}、进口商品和国内生产商品之间的 Armington 替代弹性参数为 σ_{ARM}、商品出口和国内销售之间的 CET 替代弹性参数值为 σ_{CET}，具体参数见表 4-3。

表 4-3　GREAT-E 主要模型参数

编号	行业名称	σ_{VAT}	σ_{ARM}	σ_{CET}
1	农业	0.5	2	4
2	采掘业	0.5	2	4
3	食品及烟草制造业	0.435	2	4
4	纺织服装及皮革制造业	0.5	2	4
5	木材加工及家具制造业	0.5	2	4
6	造纸印刷及文体用品制造业	0.17	2	4
7	石油加工、炼焦及核燃料加工业	0.35	2	4
8	化学工业	0.5	2	4
9	非金属矿物制品业	0.139	2	4
10	金属冶炼压延加工及金属制品业	0.602	2	4
11	通用专用设备制造业	0.435	2	4
12	交通运输设备制造业	0.5	2	4
13	电气机械及器材制造业	0.61	2	4
14	通信设备、计算机及其他电子设备制造业	0.086	2	4
15	仪器仪表及文化、办公用机械及其他制造业	0.5	2	4
16	电力、热力的生产和供应业	0.096	2	4
17	燃气生产和供应业	0.21	2	4
18	水的生产和供应业	0.5	2	4
19	建筑业	0.5	2	4

编号	行业名称	σ_{VAT}	σ_{ARM}	σ_{CET}
20	交通运输、仓储及邮政业	0.213	2	4
21	信息传输、计算机服务及软件业	0.5	2	4
22	批发零售业	0.6	2	4
23	住宿和餐饮业	0.4	2	4
24	金融业	0.3	2	4
25	房地产业	0.5	2	4
26	租赁和商务服务业	0.7	2	4
27	科学研究和技术服务业	0.4	2	4
28	水利、环境和公共设施管理业	0.2	2	4
29	居民服务和其他服务业	0.3	2	4
30	教育卫生、文体娱乐及其他公共管理业	0.45	2	4
31	化学需氧量治理	0.5	—	—
32	氨氮治理	0.5	—	—
33	其他水污染物治理	0.5	—	—
34	二氧化硫治理	0.5	—	—
35	氮氧化物治理	0.5	—	—
36	其他大气污染物治理	0.5	—	—
37	固废治理	0.5	—	—

4.2.4 模拟情景设置

本书主要分析我国"十二五"规划确定的污染减排目标对经济绿色转型的影响。由于采用 GREAT-E 模型是跨期动态模型，未来政策预期会对决策者的当前决策产生影响。目前污染物排放量远超环境容量，"十一五"以来污染总量减排政策预计将会长期推动。因此，为给决策者一个明确的政策预期，本书将模拟期延长到 2020 年，设立 3 个情景方案。

基准情景（BAU）：假设经济按照现有增长模式每年增长 8%；污染物排放逐年增加，化学需氧量、氨氮、二氧化硫和氮氧化物 2015 年排放量同 2010 年相比分别增加 16%、19%、18% 和 21.4%；"十三五"期间污染物排放维持这一增速。

规划减排情景："十二五"期间，化学需氧量和二氧化硫同 2010 年相比减少 8%，氨氮和氮氧化物同 2010 年相比减少 10%；"十三五"期间，4 项污染物同 2015 年相比再减少 8%。减排目标按比例逐年分配到每个年度。

被动减排情景：最终减排目标同规划减排情景相同。假设"十二五"前4年不执行减排任务，减排目标于2015年这一年集中实现。

4.2.5　污染减排的贡献度分解方法

在GREAT-E模型中经济系统通过4种机制减少污染物排放：①末端治理；②过程减排（如清洁生产、工艺改造等）；③结构调整；④减少生产规模。为了分析各种减排手段在实现"十二五"减排目标中的贡献度，本书利用指数分解方法对GREAT-E模型的模拟结果做了进一步的分解分析。指数分解分析（index decomposition analysis）方法的目的是将总量变化分解为相关因素单独变化的影响效应加总，定量分析这些因素对总量变化的相对贡献，从而为政策制定提供依据。

近年来，研究者提出了许多指数分解的方法，大多是基于拉式（Laspeyres）和迪氏（Divisia）指数分解的改进，但是这些方法的分解结果中大多存在未经解释的剩余项，由于分解方法计算的是既定因素对总量变化的相对贡献的数量大小，如果总量变化的分解中存在未经解释的剩余项，那么方法的有效性就会受到质疑。Ang在迪氏分解方法的基础上，提出了对数平均迪氏指数方法（logarithmic mean Divisia index，LMDI），解决了分解中剩余项的问题（Ang，2004），从而可以做到对总量变化的完全分解，并且由于其在理论基础、适用性、易用性和解释力等方面均具有良好特性而受到研究者的青睐（Ang，2005；张炎治和聂锐，2008）。

在GREAT-E模型中，污染物以四种方式实现削减，首先生产者在购买排污许可、污染治理和采用清洁生产技术之间根据成本最小化原则进行选择；在治理和采用清洁生产技术的边际成本超过生产的边际收益时，生产者就会减少高污染产品的生产规模，增加低污染产品的生产规模，从而通过结构调整来实现污染物排放的减少；当结构调整的成本超过收益时，就只能通过经济规模的缩减来实现污染物减排。本书采用LMDI方法，将污染物排放量的恒等式表示为

$$P = \sum_i \frac{P_i}{T_i} \cdot \frac{T_i}{G_i} \cdot \frac{G_i}{V} \cdot V = \sum_i \text{CLN}_i \cdot \text{INT}_i \cdot \text{SHR}_i \cdot V \tag{4-1}$$

式中，P为某行业污染物排放总量；i为不同的行业部门；T为生产中所产生的污染物总量（排放量和去除量之和）；G为各行业增加值；V为全部行业的增加值，即$V = \sum G_i$。污染物排放总量被分解为以下4种因素的作用结果：①规模效应。经济活动的规模，用增加值来V表示。②结构效应。经济活动的产出结

构，用各行业的增加值的总增加值中的比重表示，即 $SHR_i = G_i/V$。③技术效应。
单位增加值的污染物产生量，即 $INT_i = T_i/G_i$，该比例越小表示生产技术向清洁化
方向改进越明显。④治理效应。生产中所产生的污染物经治理后排放到环境中的
比例，即 $CLN_i = P_i/T_i$，如果污染物的排放比例越小，治理效应越明显。由于对
未来污染物的产生量较难预测，我们在污染物减排各种效应贡献度的分解中，将
生产的技术效应和排放的治理效应合并，使技术效应既包含生产过程中的技术应
用也包含污染的治理效应。合并后的污染物排放量的恒等式表示为

$$P = \sum_i \frac{P_i}{G_i} \cdot \frac{G_i}{V} \cdot V = \sum_i TEC_i \cdot SHR \cdot V \qquad (4\text{-}2)$$

接下来，对式（4-2）两边对时间 t 取导数可得

$$\frac{d\ln P}{dt} = \sum_i \frac{TEC_i \cdot SHR_i \cdot V}{P} \cdot \left(\frac{d\ln TEC_i}{dt} + \frac{d\ln SHR_i}{dt} + \frac{d\ln V}{dt} \right) \qquad (4\text{-}3)$$

令 $\omega_i = TEC_i \cdot SHR_i \cdot V/P$，那么污染物排放量 P 在时期 $t \in [0, T]$ 中的变
化量可以表示为

$$\Delta P = P_T - P_0$$

$$= \int_0^T \sum_i \omega_i \ln \frac{TEC_i^T}{TEC_i^0} dt + \int_0^T \sum_i \omega_i \ln \frac{SHR_i^T}{SHR_i^0} dt + \int_0^T \sum_i \omega_i \ln \frac{V^T}{V^0} dt \qquad (4\text{-}4)$$

采用对数平均权重函数对式（4-4）右侧的各积分项求解，令 $\omega_i^* = (P_i^T - P_i^0)/(\ln P_i^T - \ln P_i^0)$。

则可得

$$\Delta P = \sum_i \omega_i^* \ln \frac{TEC_i^T}{TEC_i^0} + \sum_i \omega_i^* \ln \frac{SHR_i^T}{SHR_i^0} + \sum_i \omega_i^* \ln \frac{V^T}{V^0} \qquad (4\text{-}5)$$

式（4-5）的含义是，污染排放量的变化可分解为等式右侧 3 种因素的贡献，
分别是包含污染治理和清洁技术的技术效应、结构效应和规模效应所贡献的污染
排放量。

4.3 模拟结果与讨论

4.3.1 减排目标约束对宏观经济的影响

与基准情景相比，执行"十二五"污染减排目标会对经济增长产生轻微负
面影响，但却有力地推动了我国经济增长和环境污染的脱钩。图 4-2 和图 4-3 给
出了减排约束目标条件下 GDP 和国民总收入的变化情况，模拟结果显示执行

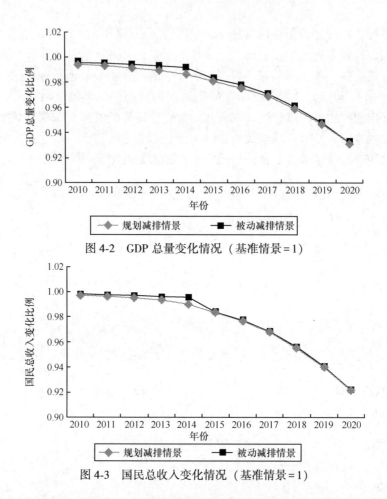

图 4-2　GDP 总量变化情况（基准情景 = 1）

图 4-3　国民总收入变化情况（基准情景 = 1）

"十二五"污染减排目标对 GDP 和国民收入增长有相近的影响。与基准情景相比，2015 年我国 GDP 总量大概相比现有增长模式下降 1.8 个百分点，GDP 增长率下降 0.5 个百分点（图 4-4）。这主要是因为随着污染减排目标的执行，生产者需要增加投入治理环境污染，进而推高了产品的生产成本，从而造成经济总产值一定程度的下降。从模拟结果来看，"十三五"期间执行环境保护目标对经济增长的影响会比"十二五"期间大。这表明，随着污染减排工作的深入，污染治理的边际成本不断增加，国民经济绿色转型所付出的经济成本会逐渐增加，但"十三五"期间减排目标约束下绿色转型的实际成本要比模拟结果小。这主要是因为模型设定的基准增长路径和转型增长路径都是从"十一五"末期开始，随着时间的推移，所需减排的比例逐渐增多，转型政策对 GDP 和国民收入的影响相对于基准年会越来越大。从总体来看，减排目标约束下绿色转型发展对经济增长的影响有限。模拟结果显示"十二五"期间执行环境保护目标使 GDP 平均增长速度仅下降 0.3 个百分点,不会对我国完成"十二五"国民经济总体增长目标形成冲击。而相对于污染物减排的幅度来说,对 GDP 的影响较小(低于基准年的增长率),也就是说,经济增长与环境压力之间的脱钩是可以在绿色转型战略实施的大背景下实现的。为加快转变经济发展方式和调整经济结构,我国在国民经济和社会发展"十二五"规划中主动将国民生产总值增长目标下调到了年均增长 7%。这表明,"十二五"经济增长目标的下调为我国在资源环境约束条件下实现绿色转型发展预留了充足的政策空间。

图 4-4　GDP 增长率变化情况

实现国民经济绿色转型,应主动转变发展方式,尽早开展渐进式污染减排行动,如在严峻的资源环境形势下被动减排会对经济发展造成重大冲击。由于我国资源环境形势本已十分严峻,如不及时采取措施,未来在严峻的资源环境"硬约束"条件下,被动采取激进的环境政策将会对社会经济可持续发展产生重大的不利影响。从模拟结果来看,在"十二五"前 4 年不采取减排行动,而在 2015 年集中完成减排目标的情况下,前 4 年经济总量会取得较快增长,但在 2015 年由于既要减少经济增长带来的增量污染,又要减少存量污染,需要付出极大的减排代价,GDP 增长率相对于 2014 年下降超过 0.9 个百分点,形成对经济增长的重大冲击。从长期模拟结果来看,GDP 总量也并未增加,相反前 4 年却要承担更多的污染排放。

此外,模拟结果也显示,GDP 总量、国民总收入和 GDP 增长率自污染减排约束目标开始实施便开始下降。这主要是因为使用的 GREAT-E 模型是跨期动态一般均衡模型,允许消费者进行跨期决策。由于消费者预期到即将面临越来越苛刻的转型发展目标,环境成本的内部化会推高商品价格,考虑到贴现因子,后期的消费因物价上涨对效用现值影响较小，因此相应做出增加当期消费而减少未来消费的决策（图 4-5）。而消费的增加减少了储蓄，造成用于投资的比例减少进而减缓经济增长。

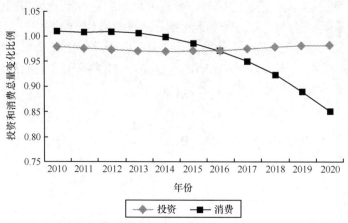

图 4-5　投资和消费总量变化情况（基准情景＝1）

4.3.2　减排目标约束下的经济结构变动

1. 减排目标约束对三次产业结构变动的影响

执行污染减排约束目标会对三次产业产生不同的影响。其中受影响最大的是农业。相对于基准情景，农业在减排政策执行初期会略微增加，随后从 2014 年左右会较快降低。这主要是因为减排初期，农业的减排成本较低，而后随着减排的深入，加上农业排污严重，农业生产成本不断上升，推高了农产品价格，迫使人们对农业部门的消费降低。同时，环境治理部门对农业部门的需求很小，从而未能对农业产生间接的拉动作用，而且农业产品具有收入弹性低的特点，居民收入增加也不能有效地缓解消费下滑现象。而农业发展对我国粮食安全和农民增收的关系至关重要，因此出台奖励性或补贴性的农业污染减排政策就显得尤为重要。对于工业来讲，由于其较大的污染排放强度，执行环境保护约束目标，迫使其增加污染治理投入，加大了生产成本，从而减少其产出，2015 年工业部门创造的增加值相对于基准情景下降 2.6 个百分点（图 4-6）。从模拟结果来看，受影响最小的部门为相对清洁的服务业，其创造的增加值甚至随减排目标的提高略有增加，但由于总体经济的放慢，以及由于其他部门产品价格的上涨和需求的下降而产生的间接负面影响，服务业创造的增加值并未大幅度增加。

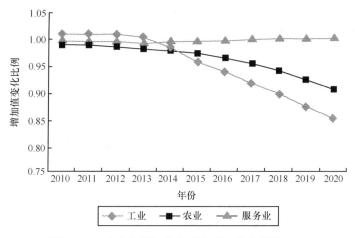

图 4-6 三次产业增加值变动情况（基准情景＝1）

执行污染减排目标对三次产业结构比重的变化影响逐步加速。从图 4-7 的模拟结果看出，执行污染减排目标后，农业增加值占 GDP 总量的比例从 2010 年的 10.74% 下降到 2015 年的 10.40% 并进一步下降到 2020 年的 9.68%，工业增加值占 GDP 总量的比重从 2010 年的 50.68% 下降到 2015 年的 50.50% 并进一步下降到 2020 年的 49.21%，而服务业增加值占 GDP 的比重从 2010 年的 38.58% 上涨到 2015 年的 39.11% 并进一步上涨到 2020 年的 41.11%。总体来看，实现污染减排目标对产业结构的影响逐步加速。这主要是因为转型初期，污染减排成本较低，污染减排主要依靠增加治理投入来实现。随着减排边际成本的升高，结构调整在污染减排中的作用逐步增加。

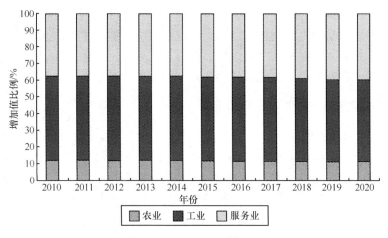

图 4-7 三次产业结构变动情况

2. 减排目标约束对产业结构变动的影响

从图 4-8 的模拟结果可以看出，实现"十二五"污染减排目标对产业结构优化作用明显，高污染行业经济活动水平受到较大抑制，而对污染强度低、治污成本低的清洁产业实现较快增长。从细分产业结构来看，农业、采掘业、食品及烟草制造业、纺织服装及皮革制造业、木材加工及家具制造业、造纸印刷及文体用品制造业、石油加工与炼焦及核燃料加工业、化学工业、非金属矿物制品业、金属冶炼压延加工及金属制品业、电力与热力的生产和供应业、建筑业、交通运输与仓储及邮政业、住宿和餐饮业等行业，无论绝对增加值和占 GDP 总量的比重与基准情景相比均有较大幅度的下降。这主要是因为这些行业污染排放偏重、减排成本偏高，执行污染减排目标会推高这些行业的生产成本，从而降低消费者和相关行业对这些商品的需求。与这些行业变化相反的是，通信设备与计算机及其他电子产品制造业、仪器仪表与文化办公用机械及其他制造业、信息传输与计算机服务及软件业、批发和零售业、租赁和商务服务业、水利与环境和公共设施管理业、教育卫生文体娱乐和其他公共管理业，尽管总体经济规模和终端需求有所降低，这些行业的绝对增加值和占 GDP 总量的比例同基准情景相比均有较大幅度增加；对于通用专用设备制造业、交通运输设备制造业、电气机械及器材制造业、金融业、房地产业、科学研究和技术服务业、居民服务和其他服务业，这些行业的增加值相对于基准情景有所下降，但其占 GDP 总量的比重同基准情景相比有所提高。总体而言，这些增加值和占 GDP 比重增长的行业具有较低的直接污染排放水平，其增长对其他行业推动或拉动作用所带来的间接污染排放也较低。在污染减排目标约束条件下，高污染行业由于活动水平下降，降低了对资本和劳动力等要素投入的需求，释放的要素更多地被转移到生产相对清洁的行业，从而推动这些行业的较快增长。因此，在我国面临资源环境硬约束和实施绿色转型战略的大背景下，限制性措施应重点针对这些高污染行业，而鼓励性措施则要更多地着眼于清洁行业，从而促进产业结构的优化和经济发展的绿色化。

3. 减排目标约束对消费结构的影响

从图 4-9 的模拟结果可以看出，实现"十二五"污染减排目标对消费模式转变作用明显，高污染、高消耗产品的消费需求受到较大抑制，而消费者对污染强度低、治污成本低的清洁产品的消费需求增长较快。从细分消费结构来看，农业，采掘业，食品及烟草制造业，纺织服装及皮革制造业，木材加工及家具制造业，造纸印刷及文体用品制造业，石油加工、炼焦及核燃料加工业，化学工业，非金属矿物制品业，金属冶炼压延加工及金属制品业，电力、热力的生产和供应

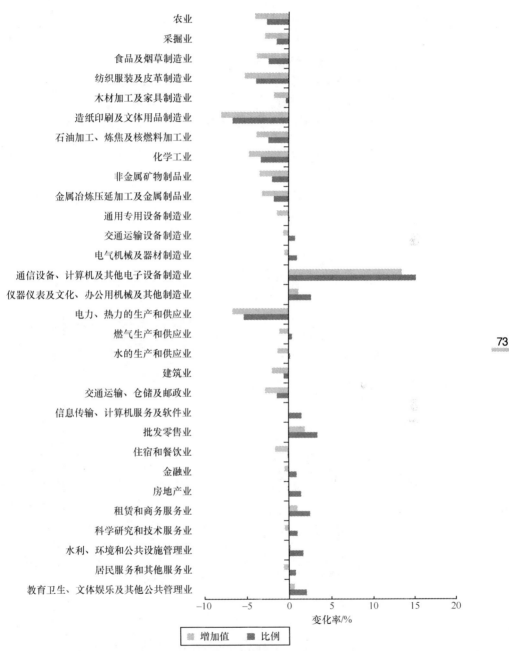

图 4-8　2015 年行业增加值变动情况（基准情景＝1）

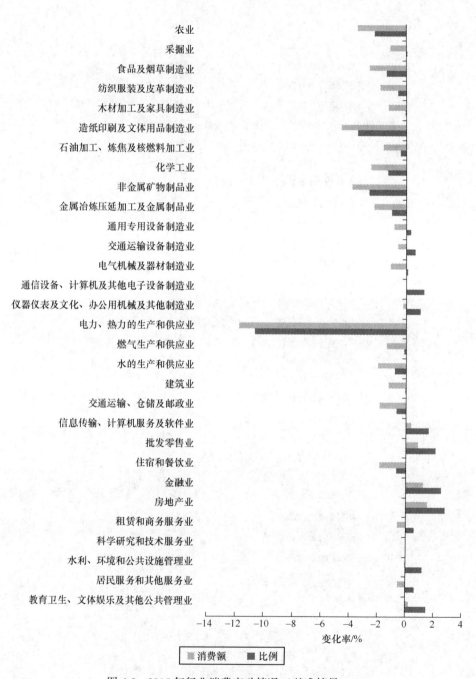

图 4-9 2015 年行业消费变动情况（基准情景=1）

业，燃气生产和供应业，水的生产和供应业，建筑业，交通运输、仓储及邮政业，住宿和餐饮业等行业，无论绝对消费额和占消费总量的比重与基准情景相比均有较大幅度的下降。这主要是因为这些行业污染排放偏重、减排成本偏高，执行污染减排目标会推高产品的消费价格，消费者出于价格考虑降低了对这些商品的需求。值得注意的是，生产这些商品的行业往往也是矿产资源、水资源和能源等消耗较大的行业。因此，实现"十二五"污染减排目标不仅降低了污染的排放，也同时降低了对资源能源的消耗，因为环境污染的背后往往是资源能源的高消耗。与这些商品消费变化相反的是，对于通信设备、计算机及其他电子产品制造业，仪器仪表及文化、办公用机械及其他制造业，信息传输、计算机服务及软件业，批发零售业，金融业，房地产业，水利、环境和公共设施管理业，教育卫生、文体娱乐及其他公共管理业，与基准情景相比消费者大幅度增加了对这些商品和服务的消费量和消费比重。消费模式的转变有利于引导生产结构向更清洁、更绿色的方向转变，降低经济增长带来的污染排放和能源资源消耗。因此，今后根据污染排放和能源资源消耗的差异，针对不同的商品和服务在消费环节出台差异化的限制或鼓励政策，促进经济发展绿色转型就显得尤为重要。

4. 减排目标约束对贸易结构的影响

从图 4-10 和图 4-11 的模拟结果可以看出，实现"十二五"污染减排目标对进出口结构优化作用明显，清洁行业的出口竞争力得到较大提升，降低了贸易顺差对我国资源环境的影响。从长期趋势来看，进出口总额相对于基准情景都有所增长。出口总量的增长主要是因为商品和服务价格的上涨降低了国内总体消费需求，生产者积极寻求向国际消费市场销售更多商品和服务。从细分出口结构来看，通信设备、计算机及其他电子产品制造业，仪器仪表及文化、办公用机械及其他制造业等低污染工业行业，信息传输、计算机服务及软件业，批发零售业，金融业，租赁和商务服务业，科学研究和技术服务业，居民服务和其他服务业，教育卫生、文体娱乐及其他公共管理业等清洁服务业，出口额相对于基准情景有较大增长。而农业，采掘业，食品及烟草制造业，纺织服装及皮革制造业，木材加工及家具制造业，造纸印刷及文体用品制造业，石油加工、炼焦及核燃料加工业，化学工业，非金属矿物制品业，金属冶炼压延加工及金属制品业，电力、热力的生产和供应业，交通运输、仓储及邮政业，住宿和餐饮业等高污染行业，出口额相对于基准情景有较大减少。长期趋势来看，我国进口总量的增幅超过出口总量的增幅，进口总量的增长主要是因为环境成本的提高降低了我国高污染行业的生产活动水平，为满足国内需求，我国增加了对部分高污染商品和服务的进口。从细分进口结构来看，农业和部分高污染工业品尤其是能源产品的进口增幅较大；而部分由服务行业提供的服务，由于实现"十二五"污染减排目标有力地提高了我国服务产业的生产规模和国际竞争力，这些行业的进口出现了较大幅度的下降。总体而言，我国的出口竞争力并未因环境成本的提高而受到实质影响，相反我国的清洁行业反而因减排政策的实施而提高了出口竞争力，而高污染行业出口的减少和进口的增加有利于减少我国贸易顺差带来的环境逆差压力。

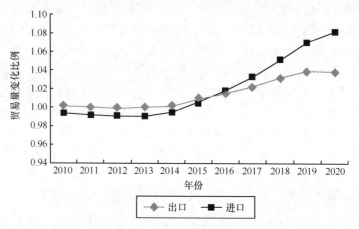

图 4-10　进出口贸易量变化情况（基准情景 = 1）

5. 减排目标约束对要素配置结构的影响

从图 4-12 的模拟结果可以看出，实现"十二五"污染减排目标对劳动力资源优化配置作用明显，更多的人力资源被转移配置到先进制造业和现代服务业部门，成为我国经济发展绿色转型和技术创新的重要推动力。从细分行业结构来看，农业，采掘业，食品及烟草制造业，纺织服装及皮革制造业，木材加工及家具制造业，造纸印刷及文体用品制造业，石油加工、炼焦及核燃料加工业，化学工业，非金属矿物制品业，金属冶炼压延加工及金属制品业，电力、热力的生产和供应业，建筑业，交通运输、仓储及邮政业等行业，对劳动力的需求同基准情景相比有较大幅度减少。这些行业往往也是对劳动力教育水平和技术水平需求较低的行业。而通用专用设备制造业，交通运输设备制造业，电气机械及器材制造业，通信设备、计算机及其他电子产品制造业，仪器仪表及文化、办公用机械及其他制造业等先进制造业，信息传输、计算机服务及软件业，批发零售业，住宿和餐饮业，金融业，房地产业，科学研究和技术服务业，居民服务和其他服务业，租赁和商务服务业，水利、环境和公共设施管理业，教育卫生、文体娱乐及其他公共管理业等现代服务业，对劳动力的需求同基准情景相比有较大幅度增长。这些行业往往是对劳动力教育水平和技术水平需求较高的行业。劳动力向这些行业的转移有利

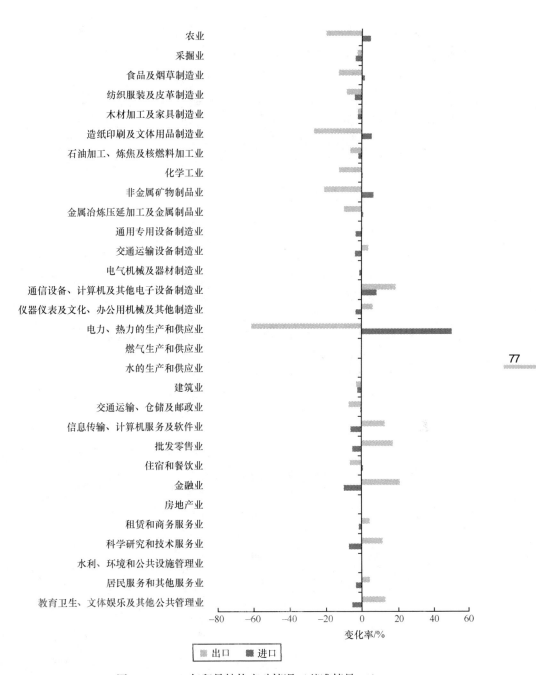

图 4-11 2015 年贸易结构变动情况（基准情景＝1）

于我国开发人力资源，提高技术创新能力，发展先进制造业和现代服务业，降低环境污染和资源消耗，促进经济绿色转型，实现绿色可持续的增长。

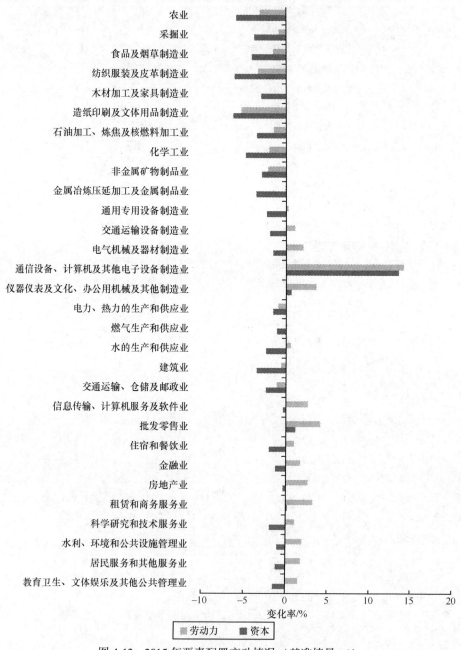

图 4-12　2015 年要素配置变动情况（基准情景 = 1）

从图 4-12 的模拟结果还可以看出，实现"十二五"污染减排目标有利于降低对能源资源的需求，改变经济增长依靠要素投入增长的发展模式。尽管我们在建模过程中并未将能源资源作为单列的要素账户，但实际上能源资源等生产要素往往作为资本投入的一部分体现在生产部门的生产活动中。从模拟结果来看，实现"十二五"污染减排目标降低了对资本要素的总体需求。对于服务业部门来说，资本需求的降低部分原因是由于劳动力供应的增加减少了对资本要素的需求。因为服务业部门本身属于对人力资源需求较密集的行业，其对物质投入的需求相对较小。而采掘业，食品及烟草制造业，纺织服装及皮革制造业，木材加工及家具制造业，造纸印刷及文体用品制造业，石油加工、炼焦及核燃料加工业，化学工业，非金属矿物制品业，金属冶炼压延加工及金属制品业，电力、热力的生产和供应业等工业部门由于生产活动水平的降低，与基准情景相比对资本要素的需求出现较大幅度的降低。这些行业是矿产资源、水资源和能源等物质资本消耗较大的行业。因此，在我国面临资源环境硬约束和实施绿色转型战略的大背景下，执行污染减排目标有利于经济增长对物质资本投入的依赖，有利于经济长久可持续发展。

4.3.3 实现减排目标对环境治理和污染排放的影响

1. 实现减排目标对环境治理产业的影响

实现"十二五"污染减排目标对环境治理产业的促进作用明显，环境治理需求的增加会带动相关环境保护产业快速发展。"十二五"期间，化学需氧量、氨氮、二氧化硫和氮氧化物四项污染物治理带来的总产值累计超过 1.8 万亿元，根据污染治理 1.4 的乘数效应（杨朝飞和里杰兰德，2012），四项污染物治理能够拉动其他行业总产值增加 7200 亿元。四项污染物治理创造的增加值从 2010 年的 2139 亿元增长到 2015 年的 5419 亿元，从图 4-13 的模拟结果可以看出，"十二五"期间年均增长率超过 20%，远远超过同期 7.7% 的 GDP 年均增长速度。环境治理需求的增长会增加对环境保护设备、环境保护技术和环境服务业的需求。这说明执行环境保护目标会促进环境保护产业的发展和绿色技术创新，战略新兴环境保护产业是我国"十二五"规划确定的主要战略新兴产业之一，其快速发展是我国绿色转型战略中的重要组成部分。

2. 污染排放均衡价格的变化

随着污染减排工作的深入和经济规模的进一步扩大，排污指标的稀缺性逐步

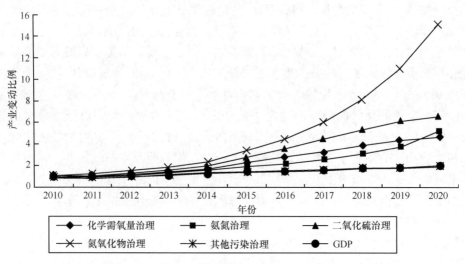

图 4-13　环境治理产业变动情况（2010 年 = 1）

显现，污染排放均衡价格迅速增长。污染排放的边际价格表示经济活动每增加排放一个单位的污染物产出的 GDP。在完全市场竞争条件下，污染物的边际价值等于削减同样污染物付出的边际成本（Agudelo，2001；Browning and Zupan，2006），也就是说污染排放的市场均衡价格等于污染治理的边际成本。从图 4-14 的模拟结果可以看出，2015 年农业化学需氧量、农业氨氮、工业和生活化学需氧量、工业和生活氨氮、二氧化硫和氮氧化物排放的均衡价格分别增长到 72.3 元/kg、25.2 元/kg、84.9 元/kg、81.5 元/kg、90.7 元/kg 和 23.3 元/kg。随着减排目标日益严格和经济规模的扩大，环境治理的投入需求快速增加，污染治理的边际成本快速增长，使得单纯依靠末端治理减少污染排放的措施越来越不经济。而通过采取清洁生产措施、改进生产工艺和调整产业结构来减少污染和实现绿色转型目标逐渐变得经济可行。这一方面说明污染减排目标约束对产业技术升级和经济结构优化的促进作用不断增加；另一方面也表明产业技术升级和经济结构优化是促进资源集约利用和环境友好发展的重要手段，是转变经济发展方式的具体体现。

3. 污染减排的贡献度分析

在 GREAT-E 模型中，污染物以四种方式实现削减，由于很难准确预测未来产污量，本书利用 LMDI 方法将"十二五"期间污染减排量分解为规模效应、结构效应、包含清洁生产技术和环境治理的技术效应三种机制共同作用的结果。从图 4-15 中的分解结果来看，技术效应是"十二五"期间污染减排的主要贡献者，

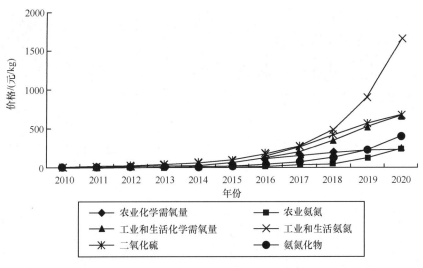

图 4-14 污染排放边际均衡价格变动情况

2015 年技术效应对化学需氧量、氨氮、二氧化硫和氮氧化物减排的贡献度分别为 88.3%、94.5%、79.1% 和 82.7%，而 2020 年技术效应的贡献度减少到 66.9%、82.6%、42.3% 和 51.4%。这是因为污染减排目标执行初期，污染治理和采用清洁技术的成本较低，随着污染减排的边际成本不断升高，污染治理和清洁技术应用成本不断升高，污染减排逐渐开始依靠结构调整来实现。从分解结果来看，结构调整对污染物减排的贡献度逐年增加，2015 年结构调整贡献了化学需氧量、氨氮、二氧化硫和氮氧化物减排 6.0%、1%、15.1% 和 12.5%，而 2020 年结构调整的贡献度分别达到 19.2%、6.6%、44.4% 和 37.4%。从结果来看，结构调整对氨氮减排的贡献度较小，这可能是由于氨氮的排放量较小，其对结构调整的影响被其他污染物所抵消。由于实现污染减排目标仅造成经济增长速度轻微下降，规模效应对污染物减排的贡献度较小，2015 年规模效应对化学需氧量、氨氮、二氧化硫和氮氧化物减排的贡献度分别仅为 5.8%、4.4%、5.8% 和 4.8%。这说明通过强化环境治理、采用清洁生产技术和结构调整可以实现污染物排放总量的减少而仅对 GDP 产生有限的影响，污染排放和经济增长是可以通过这些措施来实现脱钩的。

4.3.4 污染减排目标约束下转型发展的成本效益比较

污染减排目标约束下绿色转型发展需要付出一定的经济成本，但却能取得极

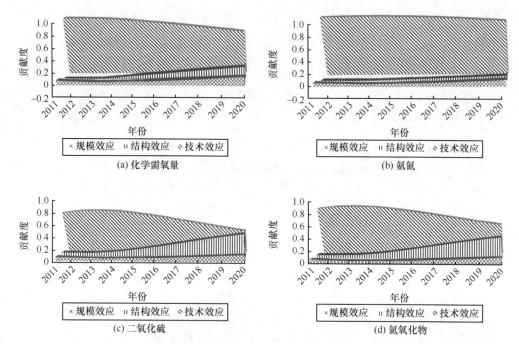

(a) 化学需氧量

(b) 氨氮

(c) 二氧化硫

(d) 氮氧化物

图 4-15　污染物减排的贡献度分解

大的生态环境效益。如果我们将规划减排情景下 GDP 每年相对于基准情景少增长的 GDP 部分作为绿色转型的成本，从图 4-16 的模拟结果可以看出，"十二五"期间我国为实现污染减排目标约束下绿色转型发展付出的经济成本从 2011 年的 617 亿元增长到 2015 年的 2639 亿元。如果我们按照现有模式发展，不进行绿色转型，可以获得这部分 GDP 增长，但这意味着我们的污染物排放会继续增加，2015 年化学需氧量、氨氮、二氧化硫和氮氧化物的排放总量相对于 2010 年分别增长 16%、19%、18% 和 21.4%，四项污染物排放总量平均每年分别增加 30 万 t、4 万 t、38.7 万 t 和 58.5 万 t。污染物排放量的增加意味着环境退化和生态损失的加剧。我们根据《中国环境经济核算研究报告 2009（公众版）》对我国 2004～2009 年核算的环境退化和生态损失增长趋势推算，按照现有增长模式我国的环境退化成本将从 2010 年的 10 978 亿元增长到 2015 年的 19 578 亿元，不完全统计的生态损失从 2010 年的 4858 亿元增长到 2015 年的 9446 亿元。如果我们主动转变发展方式，实施绿色转型，不仅意味着经济增长带来的污染排放增加不会发生，完成"十二五"污染减排目标，还能减少存量污染物的排放。两者相加，"十二五"期间我国化学需氧量、氨氮、二氧化硫和氮氧化物四项污染物总的减排量分别为 590 万 t、60 万 t、590 万 t 和 715 万 t，占 2010 年排放基数的 24%、

29%、26%和31.4%。污染物排放的削减将会减少环境退化和生态损害的发生。按比例估算，每年减少的环境退化成本从2010年的542亿元增长到2015年的3860亿元，而每年减少的生态损失从2010年的244亿元增长到2015年的1862亿元。总体来看，"十二五"期间我国绿色转型发展取得的生态环境效益，远远超过当年的GDP损失（图4-16）。

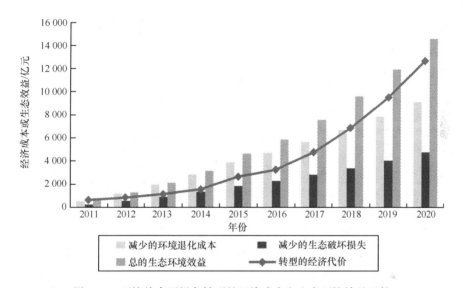

图4-16　环境约束下绿色转型的经济成本和生态环境效益比较

实现"十二五"污染减排目标大大降低了单位GDP所排放的污染物数量，刺激经济迈向"能源资源利用集约、污染物排放减少、环境影响减低"的绿色经济发展模式。从图4-17中的模拟结果可以看出，宏观经济的总体环境效率提升明显。实现"十二五"环境保护规划减排目标后，万元GDP所产生排放的化学需氧量、氨氮、二氧化硫和氮氧化物分别从2010年的7.9kg、0.7kg、7.3kg和7.3kg下降到2015年的5.1kg、0.4kg、4.7kg和4.6kg，分别下降36%、38%、36%和38%；与按现有发展模式增长的基准情景2015年的6.3kg、0.5kg、5.9kg和6.1kg相比，也分别提升19%、23%、21%和25%。单位产值污染物排放量的下降主要有三个原因：一是生产者采取末端治理等工程减排手段削减污染物的排放，二是生产者通过清洁生产等过程减排手段减少污染物的产生，三是通过生产从高污染行业转向清洁行业的结构效应减少污染物的产生和排放。

从细分产业结构来看，面对"十二五"污染减排目标，无论传统产业还是

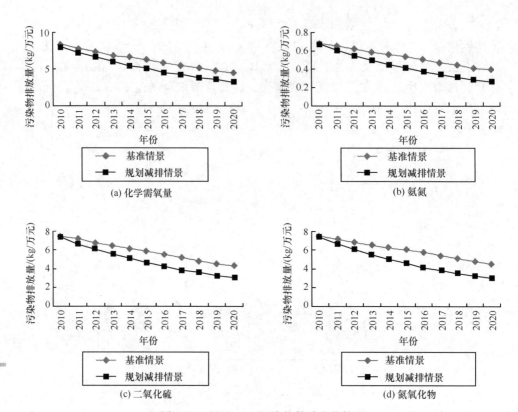

图 4-17　万元 GDP 污染物排放变化情况

战略新兴产业、无论高污染行业还是清洁行业单位增加值污染物排放均大幅度降低。从图 4-18 我们可以看出，实现"十二五"污染减排目标后，所有行业单位增加值化学需氧量、氨氮、二氧化硫和氮氧化物的排放量同基准情景相比，均有不同幅度的下降。目前，我国传统产业面广量大，传统产业占整个企业数的 2/3，我国 GDP 的 87% 属于传统产业创造的。国家财政收入的 70% 左右来自于传统产业。由于种种原因，我们过去只注重传统产业的外延扩大和再生产，传统产业设备老化、技术落后、产品质量低，物耗、能耗高。今后一段时期，传统产业仍然是我国国民经济的支柱产业，对经济发展、社会稳定、就业推动仍然发挥着主要作用。同时，我国发展战略新兴产业往往也离不开传统产业的支持，一些现代服务业也是从传统制造业衍生出来的。因此，在面临资源环境硬约束和实施绿色转型战略的大背景下，我国不仅需要调整产业结构，大力发展战略新兴产业，也需要促进传统产业技术升级和绿色转型，建立高效、灵活、低耗、清洁，并具有良好经济效益和生态效益的先进制造业。

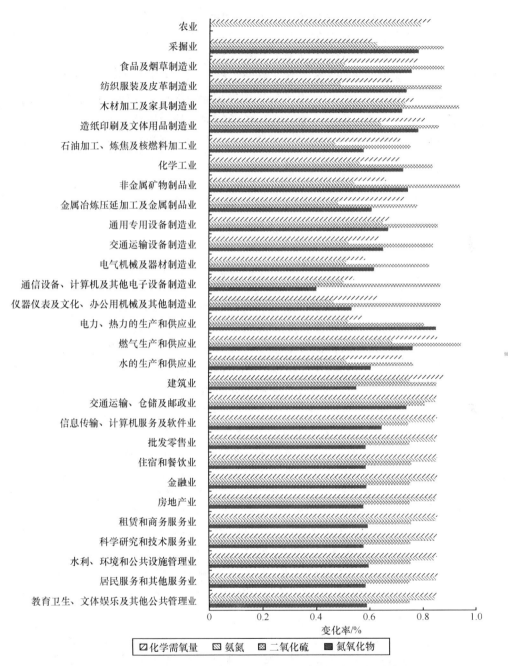

图 4-18 2015 年万元行业增加值污染物排放变化情况对比（基准情景=1）

总体来看，在我国面临资源环境"硬约束"的严峻形势下，主动转变发展方式，谋求经济发展绿色转型效益远高于成本，执行污染减排目标能够实现长远广泛的经济、社会、环境综合效益。绿色转型可以促进产业技术升级，可以抑制高污染、高消耗行业增长，改善要素结构配置，促使资本、劳动力和环境等要素向清洁和环境友好产业转移，促进低污染行业加速增长，从而实现经济结构的绿色化转型。而污染物减排所带来的环境效益和社会效益更是不可估量。污染物排放减少带来的环境质量改善可以对人体健康、职业安全和生态环境产生极大的正效益，促进环境基本公共服务均等化。

4.4 主要结论

（1）削减化学需氧量、氨氮、二氧化硫和氮氧化物排放增量和存量占 2010 年基数的 24%、29%、26% 和 31.4%，"十二五"期间 GDP 年均增长率下降 0.3 个百分点，经济增长与环境污染初步实现"脱钩"。

污染减排目标约束下绿色转型发展对经济增长的影响有限，不会对我国完成"十二五"国民经济总体增长目标形成冲击。由于既要减少污染增量，又要减少污染存量，"十二五"期间我国化学需氧量、氨氮、二氧化硫和氮氧化物四项污染物总的减排量分别为 590 万 t、60 万 t、590 万 t 和 715 万 t，占 2010 年排放基数的 24%、29%、26% 和 31.4%，模拟结果显示"十二五"期间执行污染减排目标 GDP 平均增长速度仅下降 0.3 个百分点，经济增长和污染排放是可以通过污染治理、采用清洁生产技术和结构调整来实现脱钩的。实际上我国"十二五"经济增长目标的下调也是为我国在资源环境约束条件下实现绿色转型发展预留了充足的政策空间。由于我国资源环境形势本已十分严峻，如不及时采取措施，未来在严峻的资源环境"硬约束"条件下，被动采取激进的环境政策将会对社会经济可持续发展产生重大不利影响。因此，实施国民经济绿色转型，应主动转变发展方式，尽早开展渐进式污染减排行动，在保障经济平稳增长的同时减少污染物排放。

（2）"十二五"减排目标约束下，绿色转型累计经济成本 6093 亿元，累计带来环境效益 11 181 亿元；如再考虑环境质量改善带来的社会效益，绿色转型的效益更为显著。

污染减排目标约束下对绿色转型发展需要付出一定的经济成本，但却能取得极大的生态环境效益。如果我们将规划减排情景下 GDP 每年相对于基准情景少增长的 GDP 部分作为绿色转型的成本，"十二五"期间我国为实现污染减排目标约束下绿色转型发展付出的经济成本从 2011 年的 617 亿元增长到 2015 年的 2639

亿元。而污染物排放的削减将会减少环境退化和生态损害的发生。随着治污减排工作的深入,每年减少的环境退化成本从 2011 年的 542 亿元增长到 2015 年的 3860 亿元,仅此一项就超过 GDP 损失。不完全统计的生态损失从 2010 年的 4858 亿元增长到 2015 年的 9446 亿元。另外,污染物排放减少带来的环境质量改善可以对人体健康、职业安全和生态环境产生极大的正效益,促进环境基本公共服务均等化。总体来看,在我国面临资源环境"硬约束"的严峻形势下,主动转变发展方式,谋求经济发展绿色转型的效益远高于成本,执行污染减排目标能够实现长远广泛的经济、社会、环境综合效益。

(3) 环境保护可以"倒逼"结构调整,三次产业比例从 2010 年的 10.7: 50.7:38.6 变为 2015 年的 10.4:50.5:38.8 和 2020 年的 9.7:49.2:41.1;从细分行业结构看,高污染行业比例显著下降,清洁产业比例显著上升。

执行污染减排目标对三次产业结构比例的变化影响逐步加速。执行污染减排目标后,农业增加值占 GDP 的比例从 2010 年的 10.74% 下降到 2015 年的 10.40%,并进一步下降到 2020 年的 9.68%;工业增加值占 GDP 的比例从 2010 年的 50.68% 下降到 2015 年的 50.50%,并进一步下降到 2020 年的 49.21%;而服务业增加值占 GDP 的比例从 2010 年的 38.58% 上涨到 2015 年的 39.11%,并进一步上涨到 2020 年的 41.11%。总体来看,实现污染减排目标对产业结构的影响逐步加速。这主要是因为转型初期,工程减排成本较低,污染减排主要依靠增加治理投入来实现。随着减排边际成本的升高,结构调整在污染减排中的作用逐步增加。从细分产业结构的变化情况来看,实现"十二五"污染减排目标,有利于促进生产结构、消费结构、出口结构和要素配置结构从高污染行业向清洁行业演进。从生产结构和消费结构来看,采掘业及相关初级加工工业、纺织服装业、化学工业等工业部门和交通运输、餐饮住宿等高污染服务业部门的生产规模和消费需求有较大幅度的下降,而电子信息、仪器仪表等技术密集型制造业和主要服务业部门在经济体系中的比重明显增加,更多的要素资源被转移配置到先进制造业和现代服务业部门,成为我国经济发展绿色转型和技术创新的重要推动力。从出口结构来看,我国的出口竞争力并未因环境成本的提高而受到实质影响,相反我国的清洁行业反而因减排政策的实施而提高了出口竞争力,而高污染行业出口的减少和进口的增加有利于减少我国贸易顺差带来的环境逆差压力。

(4) 全国"十二五"期间仅四项污染物末端治理总产值累计达 1.8 万亿元,并拉动其他行业总产值增加 0.72 万亿元;如再考虑基于减排的结构调整和技术升级,绿色转型带来的经济效益将更为可观。

从绿色经济的内涵和目标看,环境保护既是实现经济绿色转型的助推器,也是发展绿色经济的重要出发点和归宿之一。"十二五"期间,我国主要污染物治理需求增长迅速，化学需氧量、氨氮、二氧化硫和氮氧化物四项污染物治理带来的总产值累计超过1.8万亿元，根据污染治理1.4的乘数效应，四项污染物治理能够拉动其他行业总产值增加7200亿元。四项污染物治理创造的增加值从2010年的2139亿元增长到2015年的5419亿元，"十二五"期间年均增长率超过20%，远超过同期7.7%的GDP年均增长速度。同时，传统产业为提高环境效率，完成治污减排目标，也需要进行绿色改造升级。这些需求的增长会增加对环境保护设备、环境保护技术和环境服务业的需求，形成新的经济增长点。

（5）"十二五"期间单位GDP排放的四项污染物平均下降36%~38%，各细分行业单位增加值排放的各项污染物下降5%~60%，有效改变了我国经济发展过度依赖环境要素投入的局面。

宏观经济的总体环境效率提升明显。实现"十二五"减排目标后，万元GDP所产生排放的化学需氧量、氨氮、二氧化硫和氮氧化物分别从2010年的7.9kg、0.7kg、7.3kg和7.3kg下降到2015年的5.1kg、0.4kg、4.7kg和4.6kg，分别下降36%、38%、36%和38%。万元GDP污染物排放量的下降主要有三个原因：一是生产者采取末端治理等工程减排手段削减污染物的排放；二是生产者通过清洁生产等过程减排手段减少污染物的产生；三是通过生产从高污染行业转向清洁行业的结构效应减少污染物的产生和排放。从细分产业结构来看，无论传统产业还是战略新兴产业、无论高污染行业还是清洁行业均大幅度降低了单位增加值的污染物排放量。燃气生产和供应业单位增加值排放的二氧化硫下降最少，仅5.3%；通信设备、计算机及其他电子设备制造业单位增加值排放的氮氧化物下降最多，高达60%。总体来看，边际减排成本高的行业环境效率提升缓慢，而边际减排成本低的行业环境效率提升明显。在面临资源环境硬约束和实施绿色转型战略的大背景下，我国不仅需要调整产业结构，大力发展战略新兴产业，也需要促进传统产业技术升级和绿色转型，建立高效、灵活、低耗、清洁，并具有良好经济效益和生态效益的先进制造业。

（6）绿色转型有广义和狭义之分，仅基于污染减排目标的经济转型是相对非常狭义的绿色转型；另外，"十二五"仅是我国绿色转型长期战略征程的开端，绿色转型是一个长期的过程。

绿色转型是一个长期的、艰巨的、系统的经济调整过程，有广义的绿色转型和狭义的绿色转型之分。从污染减排出发，实现主要污染物总量控制目标的经济转型是绿色转型的重要组成部分，但却是相对非常狭义的绿色转型。首先，我国"十二五"规划不仅提出了四项污染物的总量控制约束性指标，还包含多个与绿色经济发展直接相关的宏观经济与环境发展指标，如单位GDP能耗下降16%、万元GDP碳排放下降17%、单位工业增加值水耗下降30%等。其次，从长期来看环境保护目标势必从总量约束走向环境质量约束，基于环境容量的估算主要污染物排放的总量削减目标可能高达 60%~70%。再次，一些新的环境问题不断涌现，如重金属、持久性有机污染物等。这些问题都是我国长期绿色转型过程中应该考虑的重要因素。

4.5　促进绿色转型发展的政策建议

4.5.1　强化环境与发展综合决策制度化

正确处理环境与发展决策，贯彻可持续发展战略，把经济规律和环境规律相结合，将环境保护纳入国家宏观决策体系，对经济发展、社会发展和环境保护统筹规划、合理安排、全面考虑，实现最佳的经济效益、社会效益和环境效益。一是在制定国民经济社会发展战略规划方针上实现综合决策，把环境保护和维护生态平衡纳入经济发展总体战略和总体规划中，从宏观上实行环境与发展综合决策，全面贯彻可持续发展战略。二是在政策、规划和管理的各个层次上对环境与发展问题进行综合决策，将资源环境保护作为国家经济和社会发展的一个战略问题和重要任务，制定和执行宏观调控政策，发挥规划的统筹安排、协调平衡、引导和约束功能。三是在制定产业政策、经济结构调整等重大经济与技术政策中实行综合决策，要把各种产业、各种产品的资源消耗和环境影响作为重要的因素考虑，发展质量效益型、科技先导型、资源节约型和环境友好型产业。

4.5.2　加快转变经济发展方式和调整产业结构

推行有利于节约资源与保护环境的生产方式、生活方式、消费模式，建设低投入、高产出，低消耗、少排放，能循环、可持续的国民经济体系。一是通过结构调整促进节能减排，要不断加快产业结构优化升级，发展新兴产业，改造传统产业，尤其是大力发展现代服务业和消耗少、排放低的先进制造业，使经济在保持平稳增长的同时减少污染排放。二是调整要素投入结构，提高人力资源、科技进步对经济增长的贡献，减少对物质资源的消耗。三是改善需求结构，出台鼓励性措施引导绿色消费，采取严格措施限制"两高一资"产品出口。四是要支持企业加大产品结构调整力度，积极开发能耗低、污染小、附加值高、竞争力强的新产品，采取严格措施限制不符合要求的高耗能产业发展。

4.5.3 充分发挥环境保护对经济发展的优化作用

加大产业环境政策调控力度，倒逼经济结构调整和产业技术升级，合理配置环境资源，大力发展循环经济、绿色经济和低碳经济，促进经济、社会与环境的协调发展。一是强化环境污染治理，利用清洁生产技术对传统产业进行绿色改造，带动环境保护设备、环境技术和环境服务业等新兴产业发展，形成新的经济增长点。二是以环境保护优化经济结构，主动推进节能减排工作，加强环境监管，加大环境综合整治，促进产业结构、增长方式和消费模式的转变。三是合理配置环境资源，优化产业和城乡发展空间布局，引导产业集聚区、重点开发区向环境承载能力相对较高、生态脆弱性较低的地区聚集，严格限制环境敏感区及限制开发区内的高耗能、高污染工业的准入。

4.5.4 积极创新环境经济政策

将环境经济政策的作用范围由主要注重于生产环节，延伸到流通、分配、消费领域，在再生产全过程制定环境经济政策，加强环境保护和促进绿色经济发展。一是建立健全有利于节约资源、保护环境的绿色财政政策，创新环境保护资金运用机制，鼓励与环境效益挂钩的资金补助方式；政府优先购买对环境负面影响较小的环境标志产品，从而对社会的绿色消费起到示范和推动作用；农村地区加快推进"以奖促治、以奖代补、以补促提"等环境经济政策实施，从而降低节能减排工作对农村发展和农民增收的影响。二是推进现有税制"绿色化"，研究对严重污染环境、大量消耗资源的商品征收消费税，选择防治任务重、技术标准成熟的税目开征环境税，逐步扩大征收范围。三是坚持完善能够反映市场供求状况、资源稀缺程度和环境损害成本的资源性产品价格形成机制，通过将环境成本内部化，促使企业环境治理和抑制"两高一资"产品生产和消费。四是深化绿色金融政策，推进绿色信贷工作实施，鼓励贷款流向资源消耗少、污染排放低的现代服务业和先进制造业，减少向高污染、高耗能产业提供信贷支持。五是完善绿色贸易政策，推动修订取消出口退税的商品清单和加工贸易禁止类商品目录，减少出口带来的环境逆差。六是建立排污交易和生态补偿机制，促进环境资源的合理配置。

4.5.5 建立全方位的绿色转型机制创新体系

中国加快经济发展绿色创新，需要建立全方位的绿色转型机制创新体系。一是充分借鉴国际经验，以政府战略法规为支撑，市场化推进，鼓励产业界积极响应、企业自主行动和公众广泛参与。二是建立涵盖环境规制、节能减排机制、绿色技术研发和产业化应用机制。三是建立国际协调机制的综合性、开放式绿色转型机制创新体系，并在技术、资金、交易机制、国际合作等方面不断丰富绿色转型的政策措施。四是加快绿色科技创新与应用。发展绿色经济，绿色技术是支撑。我国应当对绿色科技创新与研发应用给予必要的资金和政策扶持，加强绿色科技研发应用试点示范，进一步加快环境友好型技术，包括传统产业的改造技术、新兴产业技术以及环境保护产业技术的产业化进程，为发展绿色经济提供坚实的技术支撑。

4.5.6 开展更全面的绿色转型成本与效益分析

随着节能减排工作的深入和经济发展形势的变化，我国的环境保护工作和经济发展绿色转型面临的挑战和任务也将不断变化。因此，应进一步完善 GREAT-E 模型，积极开展更全面的绿色转型成本与效益分析，在研究内容上增加能源消耗、二氧化碳排放、水资源消耗、重金属以及持久性有机污染物等指标；在时间尺度上开展国家中长期（2010~2040）绿色转型战略研究，研究中长期资源环境目标与经济发展之间的相互影响关系；在空间尺度上将 GREAT-E 模型拓展到大区域和省级分区，分析区域经济布局与资源环境保护之间的关系。应积极开展"十三五"环境保护规划前期研究，建立环境与经济综合分析模型，着力探索环境与经济发展的新趋势、环境保护与经济发展之间的相互作用关系、节能减排与结构调整之间的相互作用原理，分析评估节能减排目标对经济、社会和环境的全方位影响，加强重大储备性政策研究，预测评估政策实施的影响，找出环境经济政策实施的着眼点，为推进节能减排和经济发展绿色转型提供明确的战略方向和政策预期。

第 5 章　基于动态环境 CGE 模型分析中国水污染控制政策的经济影响

5.1　背　　景

中国经济的高速发展是以过度开采自然资源造成的巨大环境影响，尤其是水资源的污染和浪费为代价换来的。由于经济的快速增长和生活方式的转变，危险物及市政废物的不当处理，工业排放物及市政废水的排放，含有化肥、农药、肥料的农业径流的大量流入，中国大面积的地下水和地表水都受到污染，可以用的水资源量也随之下降。2007 年，仅有 59.5% 的河流、48.9% 的湖泊、78.5% 的水库及 37.5% 的地下水源达到水资源质量标准（水利部，2008）。由于严重的污染，即便在水量相对充足的中国南方地区也面临安全洁净饮用水短缺的问题。

为了减缓水污染的影响，中国出台了一系列污染防控政策。这些政策要求排污者在排放污染物时，必须遵循严格的排放标准。然而，随着中国经济的急速增长，污染物排放总量也不断增加，其严重程度甚至超过了许多水体的自净能力，导致水体质量的恶化。这个现象在中国北方地区尤其严重。

由于水污染造成的严重影响，不论社会大众还是中国政府都逐渐意识到应当采取更加严格的措施以控制污染排放总量。在国家关于社会经济发展的"十一五"规划中（国务院，2006），中央政府制定了一个严格的总量减排目标——2010 年的化学需氧量排放量在 2005 年的基础上减少 10%。地方政府也将相应地将化学需氧量排放量减少 10%。同时，氨氮和其他污染物的总量控制也逐渐受到中央政府和一些地方政府的高度关注。在履行总量减排目标时，地方政府不仅对于集中处理和末端控制进行投资，还尝试出台排污权许可制度，从而降低污染物的减排成本。在北京、上海及天津，一些由当地政府建立的环境许可交易中心也应运而生。

一方面，有效的水污染控制措施可以带来多重利益，如保护自然环境和人类健康，提高不同用途的水环境质量，缓解水资源短缺问题。但另一方面，这些环境政策将对经济增长、就业及收入分配造成影响。经济、环境及社会变量间存在着一些直接或间接关系，这就需要定量化的工具来分析环境及经济问题，并对污染控制政策的有效性及其对经济福利的影响做出评估。

本书旨在利用扩展的环境动态一般均衡模型，检验中国水污染控制政策的有效性，并对减排目标为宏观经济、部门及社会变量带来的影响做出评估。这也是第一次将动态 CGE 模型应用于中国水污染控制目标的经济影响分析,将对水污染控制策略有一个更加清晰的直观认识。

5.2 数据与方法

5.2.1 技术路线

本书采用的技术路线如图 5-1 所示。

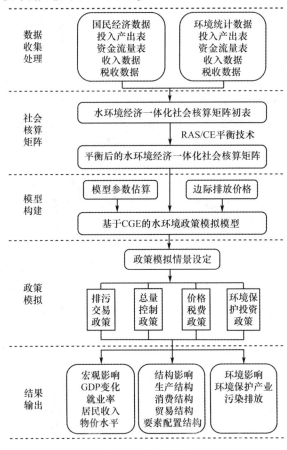

图 5-1 技术路线

5.2.2 模型方法简介

为了研究环境保护目标对经济发展的约束,我们在可计算 CGE 模型中将水环境治理活动从生产部门中单列，将水污染物排放作为一种生产要素纳入到生产函数中，构建基于减排目标的绿色转型成本效益分析模型。扩展后的CGE模型能够模拟环境与经济之间的传导机制，全面反映减排目标执行过程中的连锁反应与反馈效应。模型的主要方程可以参考Dellink（2000，2005）、Dellink等（2003，2004）、Dellink和Van Ierland（2006）以及本书第2章中所描述。我们仅针对本书的研究对模型的结构做一简单介绍。

模型的生产模块由27个部门组成，假设每个部门生产一种商品并且所有部门为降低生产成本，依据规模报酬不变的原则做出生产决策。不同水平的生产量将由包含生产要素、中间投入、污染许可和减排服务等要素的多级嵌套生产函数决定。假设要素可以在部门之间自由流动，人口和科技效率中每年劳动力的供给增长是外生的，并且以此驱动经济增长。模型假设不同商品和服务在来源地或目的地的替代是不完全的。利用CET函数揭示部门产出的国内消费及国外需求之间的不完全替代关系。CES函数则用于描述国内输出与进口货物的不完全替代关系Amington（1969）。

在需求端，设置一个居民账户作为单独的消费者代表，从资本回报及劳动力报酬获取收入，并向政府缴纳相应的税收。居民在预算约束下，可以进行跨期决策以使自己当前及未来的消费效用最大化。政府则从税收、污染排放权获取收入，并向居民进行转移支付。

污染物是生产及消费过程中的副产品。假设模型中不同水平下的消费和生产需要一定水平的污染许可与减排服务。生产者及居民在排污付费和减排服务间存在内生选择，而成本最小的最优组合总是会受到青睐（Dellink，2005）。因此，排污付费与减排支出间存在替代关系。模型中，这种关系由具有CES曲线的污染减排替代方程所决定。据Dellink和Van Ierland（2004）的研究，只有一个减排部门能够为所有环境任务提供减排服务。在本书中，我们将减排部门分解成三个不同的减排部门，进而为特定污染物减排提供环境治理服务。这种扩展的主要特征是，减排费用尽可能多地涵盖了关于每一种污染物治理的技术方法，并对每个生产活动的减排成本给予了更充分的详细说明。在减排部门中，污染物可以通过末端控制和过程处理的方法进行减排。特别是农业部门，过程处理措施被更多地运用，以减少生产过程中化学需氧量和氨氮的排放量。

为了模拟"总量控制及排污交易"政策的经济影响，模型中建立了排污许可市场。污染物总量排放水平由政府所调控，政府通过发布严格的减排指标来制定总量排放目标。当边际减排成本高于所获取的经济效益时，生产者倾向于减少经济活动，这是在模型中减少排放水平的最后一种方式。

5.2.3 水污染控制分析的 ESAM 编制

传统SAM难以反映如资源使用、排放收支、污染减排活动以及它们与经济活动间的联系。Keuning（1993）提出污染影响应该被纳入 SAM 框架中，环境收支应该被纳入国家收支矩阵中，没有提及减排活动。Xie（1996）对扩展的环境 SAM 框架（EESAM）进行了改进，为分析减排部门、清洁排放的部门支出、排放税、污染控制补贴及环境投资提供数据基础。依据 NAMEA 的环境收支以及 Xie 在 EESAM 框架中提供的减排活动支出核算，我们编制出了包含减排活动收支及相关污染物排放的环境 SAM（ESAM）。ESAM 描述了污染和经济活动之间的内在联系，并为校准环境 CGE 模型提供相一致的综合数据。

本书编制的中国 ESAM 包含了 27 个生产部门和 3 个污染减排部门（表 5-1）。减排部门分别针对化学需氧量、氨氮和其他水污染物的环境治理活动。活动、商品及进出口收支的数据来自于中国 2007 年投入产出表；政府的收入支出数据来自于《中国金融年鉴 2008》（财政部，2008a）；税收数据来自于《中国税收年鉴 2008》（国家税务总局，2008）。居民和政府收入支出依据《中国统计年鉴 2008》（国家统计局，2008）中资金流表中的数据进行调整。所有生产部门的污染减排的费用支出从投入产出表中相应生产部门的中间投入部分分离出来；环境治理部门对生产部门的中间需求根据投入产出表中的环境管理业的中间消费系数估算；居民的减排费用支出从对相应产品和服务消费支出中分离出来（表 5-2）。

表 5-1　部门分类表

编号	部门	编号	部门
Y01	农林牧渔业	Y16	通用、专用设备制造业
Y02	煤炭开采和洗选业	Y17	交通运输设备制造业
Y03	石油和天然气开采业	Y18	电气机械及器材制造业
Y04	金属矿采选业	Y19	通信设备、计算机及其他电子制造业
Y05	非金属矿及其他矿采选业	Y20	仪器仪表及办公机械制造业
Y06	食品制造及烟草加工业	Y21	工艺品及其他制造业
Y07	纺织业	Y22	废品废料
Y08	服装皮革羽绒及其制品业	Y23	电力、热力的生产和供应业
Y09	木材加工及家具制造业	Y24	燃气生产和供应业
Y10	造纸印刷及文体用品制造业	Y25	水的生产和供应业
Y11	石油加工、炼焦及核燃料加工业	Y26	建筑业
Y12	化学工业	Y27	服务业
Y13	非金属矿物制品业	A1	化学需氧量治理
Y14	金属冶炼及压延加工业	A2	氨氮治理业
Y15	金属制品业	A3	其他水污染物治理业

表 5-2　中国 2007 年环境经济一体化社会核算矩阵简表

（单位：亿元）

账户	项目	活动账户				商品账户				要素账户		机构账户		储蓄-投资	国外	合计
		农业	工业	服务业	水污染治理	农业	工业	服务业	水污染治理	劳动力	资本	居民	政府			
活动账户	农业					48 840										48 840
	工业						577 337									577 337
	服务业							192 189								192 189
	水污染治理								611							611
商品账户	农业	7 199	26 372	2 796	7							11 478	351	2 101	685	50 990
	工业	10 045	361 153	47 931	216							39 894	0	101 823	82 139	643 202
	服务业	2 951	54 902	38 645	103							45 882	34 965	7 257	13 311	198 017
	水污染治理	29	428	37								117	0	0	0	611
要素账户	劳动力	27 140	45 956	36 815	169											110 080
	资本	1429	61 493	54 507	108											117 537
机构账户	居民									110 080	117 537					227 617
	政府	48	27 032	11 459	7							24 665				63 210
	储蓄-投资											105 580	27 894		-22 293	111 181
	国外					2 150	65 864	5 828	0					111 181	73 843	73 843
合计		48 840	577 337	192 189	611	50 990	643 202	198 017	611	110 080	117 537	227 617	63 210	111 181	73 843	

减排账户数据来自于中国环境统计年报（环境保护部，2008a）和第一次污染源普查公报（环境保护部等，2010）。为了与减排部门分类相一致，污染物排放账户由化学需氧量、氨氮及其他污染物排放组成。其他污染物排放账户中大部分是有毒有害物质，包括石油、挥发酚、氰化物、汞、镉、六价铬、铅和砷。这些污染物基于其对环境造成的损害水平的差异，以污染当量的形式合并为一个排放账户，各项污染物的污染当量值参照环境保护部（2003）公布的《排污费征收标准和计算方法》（表 5-3）。2007 按各部门排放到水体中的化学需氧量、氨氮及其他污染物数量见

表 5-3　包含于其他污染物排放账目中的污染等价物

1kg 污染物等于	污染当量/kg
原油	10
挥发酚	12.5
氰化物	20
汞	2000
镉	20
六价铬	50
铅	40
砷	50

表 5-4。在模型中污染物排放的初始价格设定为排污费的征收标准：化学需氧量为 0.7 元/kg，氨氮为 0.875 元/kg，其他污染物为 0.7 元/kg 当量。

表 5-4　2007 年中国各部门的水污染物排放情况　　（单位：亿 kg）

行业名称	化学需氧量	氨氮	其他污染物（当量值）
农林牧渔业	132.409	11.340	0.000
煤炭开采和洗选业	0.921	0.037	0.066
石油和天然气开采业	0.241	0.017	0.111
金属矿采选业	0.655	0.015	0.163
非金属矿及其他矿采选业	0.118	0.003	0.002
食品制造及烟草加工业	10.489	0.436	0.202
纺织业	3.891	0.184	0.030
服装皮革羽绒及其制品业	1.002	0.101	0.007
木材加工及家具制造业	0.229	0.009	0.004
造纸印刷及文体用品制造业	17.790	0.334	0.048
石油加工、炼焦及核燃料加工业	0.927	0.116	0.550
化学工业	8.005	1.577	0.439
非金属矿物制品业	0.508	0.030	0.023
金属冶炼及压延加工业	1.866	0.196	0.440
金属制品业	0.316	0.012	0.035
通用、专用设备制造业	0.280	0.026	0.074

行业名称	化学需氧量	氨氮	其他污染物（当量值）
交通运输设备制造业	0.304	0.019	0.071
电气机械及器材制造业	0.120	0.006	0.019
通信设备、计算机及其他电子制造业	0.300	0.023	0.014
仪器仪表及办公机械制造业	0.076	0.004	0.005
工艺品及其他制造业	0.061	0.003	0.001
废品废料	0.023	0.000	0.000
电力、热力的生产和供应业	0.684	0.020	0.058
燃气生产和供应业	0.173	0.037	0.043
水的生产和供应业	0.173	0.009	0.002
建筑业	1.955	0.196	0.016
服务业	23.443	2.646	0.000
居民消费	63.637	7.184	0.000

98   5.2.4   模型参数的标定

由于模型的复杂性和数据的局限性，很难通过计量经济方法测定所有的参数（Gunning and Keyzer，1995）。因此，参数值经常由校准步骤所确定（Mansur and Whalley，1984）。份额参数，如消费及政府消费份额、平均储蓄率及平均税率等系数可以基于所建立的 ESAM 通过率定程序进行标定。对于另一类弹性参数，如 CES 弹性、Amington 弹性及 CET 弹性等替代弹性系数都基于先前的研究进行外生确定（Dervis et al.，1982；Zhuang，1996；Xue，1998；郑玉歆和樊明太，1999；武亚军和宜晓伟，2002；Zhai，2005；Willenbockel，2006；He et al.，2010）。本书中，在出口和国内需求间的 CET 弹性系数等于 4，进口物品和国内供给间的 Amington 弹性系数等于 2，同时，不同生产部门劳动力和资本间的 CES 弹性系数位于 0.1~0.7。

在本书的 CGE 模型框架中，排放量的增长由经济增长率和假设的污染效率提升系数（APEI）所决定。APEI 数值如下：化学需氧量为 0.082，氨氮为 0.08，其他污染物为 0.079，这些数值是根据环境保护部环境规划院和国家信息中心（2008）的预测结果估测而来。另外，模型假定减排和污染排放之间存在替代关系，减排与排放之间的 CES 弹性系数：化学需氧量为 0.5，氨氮为 0.57，其他污染物为 0.48，这些值在一段时期内被认为是固定的。另外，模型还设置了各污染物的减排潜力参数：化学需氧量为 0.67，氨氮为 0.75，其他污染物为 0.6。

1978~2010 年，中国的折旧率通常在 4%~7%。本书中，基于投资与资本的稳态关系，采用 4.5%的折旧率。2001~2010 年，中国五年期固定贷款利率通常在 5.5%~8%。由于中国经济的高速增长，中国实际的借贷率高于中国人民银行的基准率，本书中我们采用 8.7%作为资本的利率。

5.3 模拟情景设置

"十一五"规划中，中央政府设定了以 2005 年为基准，到 2010 年化学需氧量排放量减少 10%的减排目标。一些地方政府甚至制定了其氨氮减排目标。根据"十二五"规划中国家环境保护的要求，到 2015 年化学需氧量和氨氮排放量分别减少到 2010 年的 8%和 10%。"十二五"规划中关于重金属污染防治方面，要求重点污染地区的重金属排放量在 2015 年相比 2007 年减排 15%。根据环境统计数据，2007 年一些污染物排放开始减少，同时第一次全国污染源普查（环境保护部，等，2010）的实施也为 2007 年提供了详尽的排放信息。因此，我们选择 2007 年而不是 2005 年作为模拟的基础年。

为了模拟总量控制目标的经济影响，我们设置了 4 个不同的情景进行模拟，情景设置如下。

（1）20%减排情景（S-20%）：在 2007 年排放水平的基础上，到 2020 年减排 20%，排污权假设在不同部门间可以交易。

（2）30%减排情景（S-30%）：在 2007 年排放水平的基础上，到 2020 年减排 30%，排污权假设在不同部门间可以交易。

（3）40%减排情景（S-40%）：在 2007 年排放水平的基础上，到 2020 年减排 40%，排污权假设在不同部门间可以交易。

（4）50%减排情景（S-50%）：在 2007 年排放水平的基础上，到 2020 年减排 50%，排污权假设在不同部门间可以交易。

为了实证排污权交易制度的社会经济影响，我们在 20%和 30%两个减排情景中，使用不包含排污权交易市场的模型版本对总量控制政策进行了对比分析。这两个情景设置如下。

（1）不允许排污交易的 20%减排情景（S-20%N）：在 2007 年排放水平的基础上，到 2020 年减排 20%，假设排污权不能在不同部门间交易，各部门按照减排目标等比例削减污染物排放量。

（2）不允许排污交易的 30%减排情景（S-30%N）：在 2007 年排放水平的基础上，到 2020 年减排 30%，假设排污权不能在不同部门间交易，各部门按照减排目标等比例削减污染物排放量。

5.4 模拟结果与讨论

5.4.1 对宏观经济变量的影响分析

通过分析 GDP 的发展及时段内 GDP 的增长率，我们可以直观地发现由减排政策所导致的经济形势转变。时段内 GDP 变化百分比如图 5-2 所示。结果显示，限定的减排目标将以限定的宏观经济成本为前提而被完成，并导致 GDP 的相应损失。20%~30% 的减排目标将导致 2020 年累积 GDP 受损 0.29%~1.34%。GDP 年增长率将在 2020 年达到 7.86%~7.98%，与 8% 的 GDP 基础率十分接近（图 5-3）。如果 40%~50% 的总减排量被实行，相对 2007 年的基础假设，2020 年 GDP 损失为 4.28%~8.83%。如果减排目标制定到 50%，那么 2020 年 GDP 增长率将不足 6%。这个结果显示随着总减排目标的增加，经济成本的增加超过线性关系。一方面，生产者倾向选择成本最小化的减排措施，过高的减排量将导致减排成本增加；另一方面，消费者偏好保持其原有消费方式，这也增加了经济结构的调整成本。

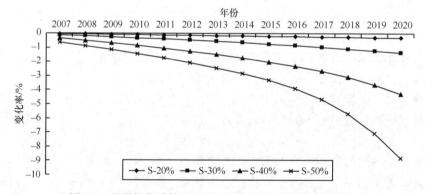

图 5-2　总量控制政策对于 GDP 影响（与基准情景相比）

本书中，我们利用 Hicksian 的等效福利变量（EV）来分析水污染总量控制政策对于居民福利的影响。20%~30% 的减排目标将将使居民福利水平下降 0.65%~2.60%，而 40%~50% 的减排目标将使居民福利水平下降 7.41%~15.66%。研究结果表明，由于减排目标提升所导致的福利损失将呈非线性增长。但值得注意的是，这些福利损失仅仅是由消费量变动引起的，因为环境改进的效

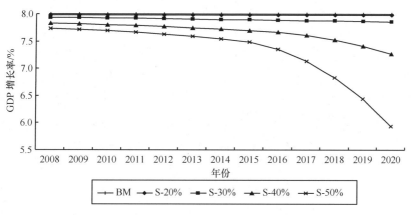

图 5-3　总量控制政策对于 GDP 增长率的影响

益并未被考虑到模型福利函数中。

　　为了分析减排目标与经济发展之间的关系，我们利用模型对减排 20%~50% 的情景做了更为细致的模拟，绘制了减排目标与经济成本和福利成本之间的曲线关系（图 5-4）。结果显示，通过末端减排、清洁生产、循环经济及结构调整等方式，适当的减排目标可以以较低的宏观经济成本实现，这是因为较低目标的边际减排成本相对比较便宜。一旦实行超过 30% 的减排目标，经济成本和福利损失将显著增加。因此，政策制定者在制定环境政策目标时，需要平衡经济发展、社会效益和环境效益之间的关系。

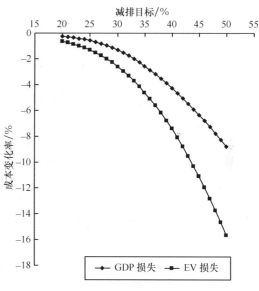

图 5-4　社会经济成本与减排目标曲线

　　排污权交易制度对生产有着积极影响，同时可以有效降低污染减排的宏观经济成本。为了实证排污权交易制度的社会经济影响，我们在 20% 和 30% 两个减排情景中，使用不包含排污权交易市场的模型版本对总量控制政策进行对比分析。在这个版本中，政府要求所有的生产者和消费者成比例地减少排污量。表 5-5 展示了主要经济变量的比较结果。比较分析证明排污交易可以减少政策对 GDP、GDP 增长率、国民总收入及居民福利的负面影响。如果不存在排污交易市场，那么污染总量排放下降 30%，GDP 总量将减少 2.46%，国民总收入减少 2.58%，经济增长率下降 0.38%，居民经济福利水平下降 3.86%。而如果存在排污交易市场，污染总量下降 30%，GDP 总量仅减少 1.34%，国民总收入减少 1.49%，GDP 增长率仅下降 0.14%，居民经济福利水平下降 2.60%。与不存在排污交易市场相比，排污交易政策的实施将分别使 GDP 总量、国民总收入、GDP 增长率和居民福利水平上升 1.12%、1.09%、0.24% 和 1.26%。

表 5-5　排污交易政策的经济影响模拟结果　　　　　　（单位:%）

经济指标（2020 年）	存在排污交易市场		不存在排污交易市场	
	20% 减排	30% 减排	20% 减排	30% 减排
国民生产总值	−0.29	−1.34	−1.11	−2.46
增长率	7.98	7.86	7.94	7.62
国民总收入	−0.32	−1.49	−1.11	−2.58
EV	−0.65	−2.60	−1.47	−3.86

此外，从图 5-1 和图 5-2 可以看出，GDP 总量及增长率变动在第一年就已经

显现。这是因为本书使用跨期动态模型，居民被假定能够根据政策预期进行跨期决策。环境政策引起的生产成本的增加将导致商品和服务价格上涨。消费者同样不仅需要增加支出用于支付减排服务，而且需要应对其他商品和服务价格的上涨。为了使自身效用最大化，消费者会调整自身的消费行为，在政策执行初期增加支出用于更多的当前消费，然后逐步减少未来的消费。图 5-5 显示，20% ~ 50% 的减排目标将在开始几年能够导致居民消费水平的增加，但之后逐步下降到

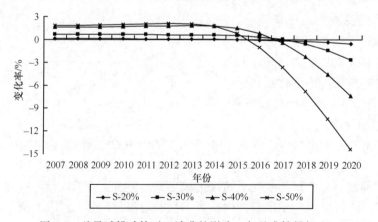

图 5-5　总量减排政策对于消费的影响（与基准情景相比）

2020 年他们的消费水平将比基准情景低 0.58% ~ 14.35%。也就是说，如果环境政策变得更加严格，居民将在短期内显著增加他们的消费量而非储蓄量，因为这对居民福利有着积极影响。然而，在长期来看，较低的储蓄将导致较低的投资水平（图 5-6）。较低的投资水平将导致较低的经济增长，消费、生产及收入都将低于从长期来看都会下降。

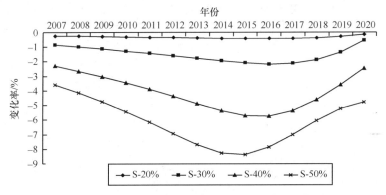

图 5-6 总量控制政策对于投资的影响（与基准情景相比）

5.4.2 对行业经济变量的影响分析

本书研究中的环境 CGE 模型是多部门结构，对各个部门带来的经济影响可以进行细致分析。因为不同部门有着不同的排放强度及减排成本，总量减排政策的执行将对各部门生产、消费及进出口带来不同的影响。

1. 总量减排目标对生产结构的影响分析

图 5-7 列出了总量减排目标在 2020 年对于部门生产结构的影响。与基准情景相比，环境政策对于生产的影响在不同部门间表现不尽相同。尽管总量减排政策将增加所有生产部门的成本，但这并不意味着所有生产部门都会受到负面影响。高污染高排放的生产部门会受到较为严重的影响，相对清洁的生产部门反而收益与环境政策的实施。从图 5-7 可以看到，生产规模减少的部门有农林牧渔业、食品制造及烟草加工业、纺织业、服装皮革羽绒及其制品业、木材加工及家具制造业、造纸印刷及文体用品制造业、化学工业等。这些行业都是水污染物排放强度比较大的行业，生产规模的相对减少有利于减少污染物的产生和排放。同时，环境政策也为清洁产业和高技术产业部门创造了机会，如通用、专用设备制

造业，交通运输设备制造业，电气机械及器材制造业，通信设备、计算机及其他电子制造业，仪器、仪表及办公机械制造业。由于这些行业大多数属于装备制造业和高科技行业，其附加值较高，污染排放强度较低，特别是通信设备、计算机及其他电子制造业，因其较低的边际减排成本，在总量控制政策执行下，生产规模会得到较大幅度增长。这是因为由于严格的环境政策实施，一些高污染行业因高昂的环境成本，其规模扩张受到抑制，降低了对资本和劳动力的需求。释放出的资本和劳动力等要素资源转移到这些清洁产业和高技术行业，从而促进了这些行业的增长。也就是说，环境政策的执行可以使资源重新配置，而不仅仅是经济规模的下降。

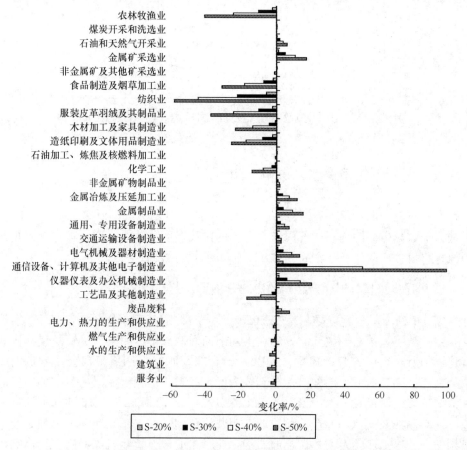

图 5-7　总量减排政策对 2020 年生产结构的影响（与基准情景相比）

2. 总量减排目标对消费结构的影响分析

总量减排政策也会对消费结构产生影响，导致高污染产品的消费较大幅度的下降。为了减少对福利的负面影响，消费者倾向于最初提高消费水平而再减少未来的消费量。然而，由于生产部门的排放强度和减排成本不同，环境政策对各部门的生产成本有着不同的影响，因此由总量排放控制政策所引起的消费影响在不同部门间存在差异。由图 5-8 可如，在 2020 年，农林牧渔业、食品制造及烟草加工业、服装皮革羽绒及其制品业、木材加工及家具制造业、造纸印刷及文体用品制造业、化学工业的消费需求量将显著降低。这是因为严格的总量减排目标将提升这些产品的价格，因此消费者对于这些部门产品的消费需求量随之降低。

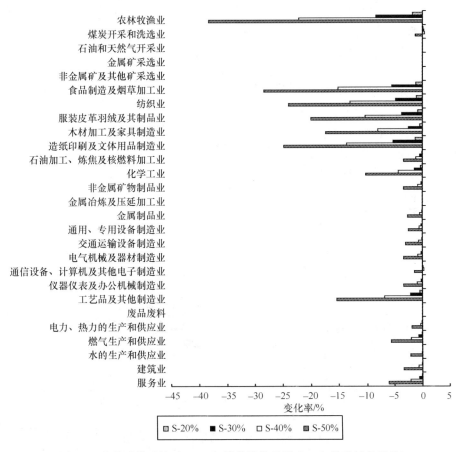

图 5-8　总量减排政策对 2020 年消费结构的影响（与基准情景相比）

3. 总量减排目标对贸易结构的影响分析

总减排控制政策将对中国不同行业的国际竞争力产生不同的影响，高污染产品的出口将受到抑制，清洁产品的出口竞争力将增加。基于 Heckscher-Ohlin（HO）关于国际贸易的理论（Heckscher，1919；Ohlin，1933），不同国家的比较优势与其相应的要素禀赋紧密相关。一方面，由于排放强度及减排成本的不同，环境政策将影响不同部门的生产成本；另一方面，由减排政策引起的资源重新配置将对不同部门间国际贸易的比较优势产生不同影响。有着高排放强度或减排成本的部门将减少其国际贸易的比较优势，其出口规模会受政策影响而下降；而提供清洁产品及服务的部门将从严格的减排政策中获益而增加其出口规模（图5-9）。一些产品由于国内生产水平降低，为满足国内需求，将增加从其他国家的进口（图5-10）。这些部门大多具有高排放强度及排放成本，或间接受到相关部门的影响。因此，总减排政策将促进中国经济的贸易结构调整，并且以相对较小的宏观经济成本减少国内排放。

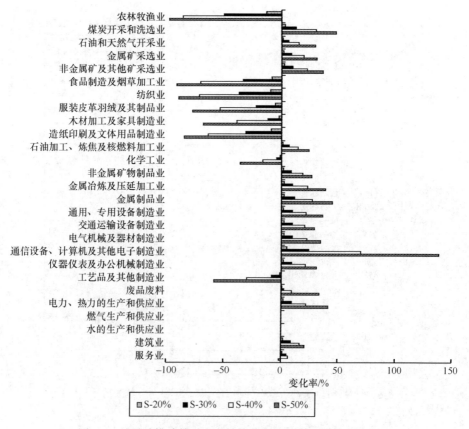

图 5-9　总量减排政策对出口结构的影响（与基准情景相比）

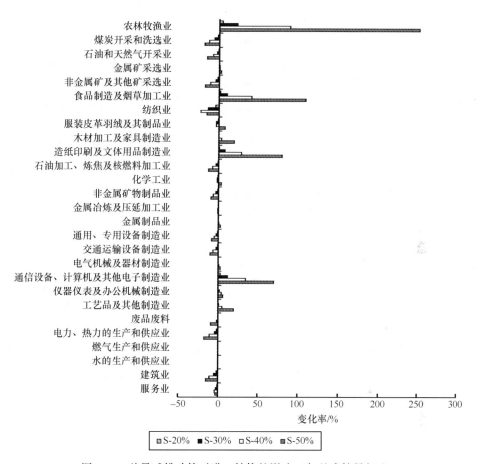

图 5-10   总量减排政策对进口结构的影响（与基准情景相比）

5.4.3   对相关环境变量的影响分析

随着污染减排工作的深入和经济规模的进一步扩大，排污指标的稀缺性逐步显现，污染排放均衡价格迅速增长。水污染排放的边际价格表示经济活动每增加排放一个单位的水污染物排放产出的 GDP。在完全市场竞争条件下，污染物的边际价值等于削减同样污染物付出的边际成本（Agudelo，2001；Browning and Zupan，2006），也就是说污染排放的市场均衡价格等于污染治理的边际成本。从表 5-6 的模拟结果可以看出，2020 年在 20%、30%、40% 和 50% 的减排目标约束下，COD 排放的边际价格分别达到 47.1 元/kg、257 元/kg、812 元/kg 和 1712 元

/kg，氨氮排放的边际价格分别分别 60.9 元/kg、295 元/kg、1035 元/kg 和 3043元/kg，其他污染物排放的边际价格达到 18.3 元/kg 当量、38.6 元/kg 当量、99.4 元/kg 当量和 570 元/kg 当量。这表明，随着减排目标的提高，污染物的边际减排成本呈非线性增加。随着减排目标日益严格和经济规模的扩大，环境治理的投入需求快速增加，污染治理的边际成本快速增长，使得单纯依靠末端治理减少污染排放的措施越来越不经济。而通过采取清洁生产技术、改进生产工艺和调整产业结构来减少污染和实现绿色转型目标逐渐变得经济可行。这一方面说明污染减排目标约束对产业技术升级和经济结构优化的促进作用不断增加；另一方面也表明产业技术升级和经济结构优化是促进资源集约利用和环境友好发展的重要手段，是转变经济发展方式的具体体现。

表 5-6　水污染物排放边际均衡价格变化情况　　（单位：元/kg）

年份	S-20%减排情景			S-30%减排情景			S-40%减排情景			S-50%减排情景		
	化学需氧量	氨氮	其他	化学需氧量	氨氮	其他	化学需氧量	氨氮	其他	化学需氧量	氨氮	其他
2007	0.7	0.875	0.7	0.7	0.875	0.7	0.7	0.875	0.7	0.7	0.875	0.7
2008	1.00	1.24	0.96	1.00	1.24	0.96	1.01	1.24	0.96	1.01	1.24	0.95
2009	1.47	1.79	1.34	1.48	1.80	1.33	1.48	1.81	1.32	1.49	1.81	1.31
2010	2.24	2.68	1.88	2.25	2.69	1.87	2.27	2.71	1.84	2.29	2.73	1.81
2011	2.88	3.45	2.34	3.17	3.75	2.45	3.53	4.13	2.54	3.95	4.55	2.64
2012	3.74	4.49	2.92	4.57	5.36	3.24	5.78	6.57	3.54	7.45	8.17	3.91
2013	4.89	5.89	3.65	6.80	7.87	4.30	10.1	11.1	5.01	16.0	16.2	5.91
2014	6.48	7.83	4.56	10.5	11.9	5.74	19.3	20.0	7.17	39.9	36.0	9.19
2015	8.69	10.5	5.72	16.9	18.9	7.71	40.4	39.1	10.4	105	83.0	14.7
2016	11.8	14.4	7.18	28.6	31.2	10.4	88.3	79.4	15.4	239	178	24.5
2017	16.3	20.1	9.03	50.4	53.7	14.3	181	157	23.3	458	357	43.2
2018	22.9	28.4	11.4	90.3	95.2	19.6	328	298	36.2	774	704	83.0
2019	32.6	41.2	14.4	157	169	27.3	538	554	58.4	1197	1422	186
2020	47.1	60.9	18.3	257	295	38.6	812	1035	99.4	1712	3043	570

　　水污染总量减排政策对水环境治理产业的促进作用明显，各部门环境治理需求的增加会带动相关环境保护产业快速发展。图 5-11 列出了在每种污染物减排30%情况下，减排服务部门的发展状况。在 30%减排目标约束下，到 2020 年，化学需氧量治理服务需求将增加 8.4 倍，氨氮的治理服务需求增加 6.0 倍，而其

他污染物治理需求则增加 3.0 倍，同期总产出仅增长 2.7 倍。结果还显示对减排服务的需求在不同污染物间是不一致的。这也意味着有必要将减排部门分解成多部门减排结构，针对每种不同的污染物治理需求，由相应的减排服务部门提供环境治理服务，使我们能够获取针对特定污染物更为详细的信息。结果验证了本模型对减排服务部门的详细刻画，这是本书对 Dellink（2003）开发的 DEAN 模型的一个重大扩展。

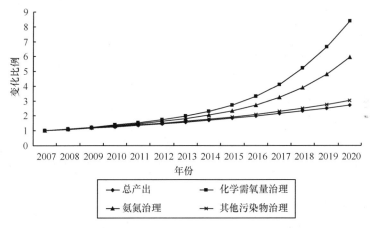

图 5-11　30% 总量减排目标约束下中国水环境治理产业的发展情况（2007 年 = 1）

由于不同生产部门的产排污强度不同，减排成本也存在差异，各部门对减排服务需求的增长是不同的，表 5-7 给出了各部门对不同污染物减排服务需求的增长情况。在 30% 的减排目标约束下，各部门对化学需氧量的减排服务需求增长 3.9~16 倍，氨氮增长 3.3~16.7 倍，其他污染物增长 2.6~4.4 倍。需要注意的是，环境政策对生产部门的影响不仅由污染排放强度及直接减排成本造成，同时间接受到提供生产投入的相关部门成本增加的影响（Qin et al.，2013）。例如，纺织行业的产出显著下降（图 5-7），但其直接减排成本的增加低于平均水平（表 5-7）。这是因为农产品是纺织行业的主要生产投入，环境政策对于农业部门的影响将间接影响纺织部门的生产水平。由表 5-7 可知，有着高排放强度或高边际减排成本的部门减排服务需求比其他部门增加更多。如果排放权不允许交易，排污者将只能通过减排投资或者降低生产水平来减少排放量，这将造成高昂的减排成本。如果实施排污交易权，有着高排放强度或者高边际减排成本的部门可以购买更多的排放许可证来减少减排服务支出，而低减排成本的生产部门可以承担更大幅度的减排任务，通过出售排污权获取收入。

表 5-7　中国 2020 年 30%减排目标约束下各部门减排支出及最终排放情况（2007 年＝1）

行业名称	减排服务				排放		
	化学需氧量	氨氮	其他	总计	化学需氧量	氨氮	其他
农林牧渔业	16.0	16.7	—	16.1	0.83	0.82	—
煤炭开采和洗选业	5.2	6.6	3.3	5.1	0.50	0.49	0.71
石油和天然气开采业	4.2	4.4	3.0	3.2	0.47	0.41	0.68
金属矿采选业	4.4	14.2	3.2	3.9	0.49	0.77	0.71
非金属矿及其他矿采选业	5.0	15.8	2.9	4.7	0.50	0.81	0.68
食品制造及烟草加工业	7.4	3.6	4.4	6.3	0.55	0.36	0.78
纺织业	4.5	2.7	2.3	3.8	0.41	0.29	0.52
服装皮革羽绒及其制品业	5.0	5.0	2.6	4.7	0.46	0.40	0.60
木材加工及家具制造业	7.6	8.7	2.9	7.0	0.57	0.55	0.65
造纸印刷及文体用品制造业	8.1	5.7	2.8	7.8	0.57	0.43	0.63
石油加工、炼焦及核燃料加工业	6.5	3.4	3.0	3.5	0.54	0.37	0.68
化学工业	6.2	4.7	2.9	4.9	0.53	0.41	0.66
非金属矿物制品业	5.5	4.6	3.0	4.7	0.51	0.42	0.68
金属冶炼及压延加工业	7.3	3.6	3.0	3.5	0.58	0.39	0.69
金属制品业	6.6	6.7	3.0	3.3	0.56	0.50	0.70
通用、专用设备制造业	5.9	6.8	3.2	4.8	0.53	0.50	0.71
交通运输设备制造业	5.0	4.2	3.1	4.1	0.50	0.40	0.69
电气机械及器材制造业	4.3	4.2	3.1	4.0	0.49	0.41	0.71
通信设备、计算机及其他电子制造业	4.2	4.5	3.4	3.9	0.53	0.45	0.79
仪器仪表及办公机械制造业	4.3	3.3	3.1	3.6	0.49	0.38	0.71
工艺品及其他制造业	7.9	10.0	2.8	4.7	0.58	0.60	0.65
废品废料	7.3	—	2.9	5.2	0.57	—	0.68
电力、热力的生产和供应业	3.9	4.0	3.1	3.8	0.46	0.39	0.69
燃气生产和供应业	11.1	7.3	3.5	7.0	0.69	0.51	0.72
水的生产和供应业	6.7	3.9	2.9	5.0	0.55	0.39	0.67
建筑业	12.4	9.3	2.9	8.6	0.74	0.58	0.67
第二产业平均	6.2	4.0	3.0	4.7	0.55	0.41	0.70
服务行业	10.9	12.6	—	11.0	0.69	0.70	—
居民消费	9.9	11.5	—	10.0	0.65	0.65	—
总和	8.4	6.0	3.0	6.6	0.70	0.70	0.70

5.4.4 敏感性分析

为了检测模型的稳定性，我们对主要参数做了简单的敏感性分析，这些参数与 CGE 模型新纳入的减排机制及污染排放行为有直接关系。表5-8列出了在30%减排情景下，将排放与减排之间 CES 替代弹性、减排的技术潜力参数及污染效率提升系数（APEI）等参数进行微调后，主要宏观经济变量的变化情况，作为模型中的主要参数，减排和排放之间的 CES 替代弹性（也称 PAS 弹性）对于每一种污染物调高 0.05 或者调低 0.05。敏感性分析的结果证实 PAS 弹性值越高，GDP 及福利损失越低。这是因为更高的弹性表示了在购买排污许可或实施减排手段间存在更高的替代可能。化学需氧量的 PAS 弹性显示了对 GDP 和福利的影响最大，对于其他污染物，弹性值的调整对减排政策的经济成本有着较小影响。在敏感性分析中，减排的技术潜力也对每种污染物调高 0.05 或者调低 0.05。相比于其他参数，技术潜力的变化将对结果产生相对较小的影响。敏感性分析证实，更高的技术潜力将略微降低减排政策的经济成本，对于 GDP 及福利的最大影响仍来自于对于化学需氧量的减排技术潜力调整。APEI 在敏感性分析中对每种污染物调高 0.003 或者调低 0.003。敏感性分析的结果证明，化学需氧量的 APEI 变动将显著影响 GDP 和福利，化学需氧量的 APEI 增加将极大减少环境政策的成本。总体来看，与化学需氧量相关的参数在各种污染物中起到了主要作用，这是因为化学需氧量是排放量最大的污染物，对于经济运行的环境成本其关键作用。

111

表 5-8　主要参数调整在 30%减排情景下对 GDP 和福利的影响

系数变动	2020 年 GDP 变化率/%				2020 年福利水平变化率/%			
	基准	化学需氧量	氨氮	其他	基准	化学需氧量	氨氮	其他
PAS 弹性+0.05	−1.34	−1.14	−1.31	−1.34	−2.60	−2.32	−2.55	−2.59
PAS 弹性−0.05	−1.34	−1.58	−1.43	−1.34	−2.60	−2.93	−2.81	−2.60
减排技术潜力+0.05	−1.34	−1.23	−1.33	−1.34	−2.60	−2.39	−2.57	−2.59
减排技术潜力−0.05	−1.34	−1.46	−1.36	−1.34	−2.60	−2.84	−2.64	−2.60
APEI+0.003	−1.34	−0.92	−1.31	−1.34	−2.60	−1.96	−2.54	−2.59
APEI−0.003	−1.34	−1.92	−1.43	−1.34	−2.60	−3.48	−2.83	−2.60

5.5 主要结论与建议

本书依据 2007 年的污染排放水平，利用动态环境 CGE 模型模拟实现水污染物总量排放 2020 年下降 20%~50% 的不同减排情景，评估总量控制政策对经济、社会和环境的全方位影响。我们将扩展的多部门减排机制引入模型中，使之获取更为详尽的关于减排成本及排放许可证之间的动态联系。模型同时引入排污交易机制，使模型可以模拟经济系统以排污交易的方式降低污染减排的总经济成本。

模拟结果表明，适度的总量减排目标可以以较低的经济成本实现。因为，减排目标设定较低时，减排的边际成本较低，从而对经济发展造成较小的影响。随着减排目标的提升，宏观经济成本（如 GDP 损失、福利损失）将以非线性的方式增加。因此，决策者需要在污染减排目标设定时平衡考虑经济发展和环境保护的关系。随着我国未来经济增长率的回落，污染增加的压力会随之下降，加上持续的科学技术进步，未来的减排可能将以更低的经济成本而达到。据此判断，我国逐步实施的污染总量减排政策从经济成本的角度来讲是合适的。

总量减排政策能够倒逼产业结构调整，优化经济发展方式。严格的环境政策能够引导生产、消费及贸易结构从污染部门向清洁部门转移。因为环境政策的实施将显著增加污染部门的生产成本，抑制其产能规模扩张，进而降低对资本和劳动力要素的需求。释放的劳动力和资本将转移到清洁部门，增加这些部门的竞争力。因此环境政策的实施将带来中国经济资源的再分配而不仅仅是导致经济增长的下降。

模拟结果也证实，在中国的总量减排政策下，排污权交易可降低经济成本，并通过减少减排服务的平均成本来降低对福利的负面影响。因此，应当鼓励地方政府进行排污权交易，并在全国范围内对于更多污染物的排污交易权进行开发。

第6章 基于多区域 CGE 模型分析京津冀地区水资源政策的经济影响

6.1 京津冀地区面临的水资源问题

根据最近的官方统计，中国每年可利用水的总量是 2.812 万亿 m^3。然而，每年的人均可持续淡水可用量却只有 $2196m^3$，相当于世界平均水平的 1/4。由于中国大陆季风气候明显，水资源在时间和空间上都分布不均。相对来说，水资源在南方地区较为丰富，北方地区则普遍稀缺。本书研究区域是位于华北地区的海河流域，这一流域涵盖了北京市、天津市、几乎整个河北省（图 6-1）、山东省与山西省部分地区，以及辽宁和内蒙古一小部分地区。这一区域正面临着严重的水资源危机，海河流域是中国人均水资源量最少的地区。2007 年，海河区域内形成的人均水资源量只有 $189m^3$，约是全国平均水平的 14%，并低于世界平均水平的 2.5%（水利部，2008）。

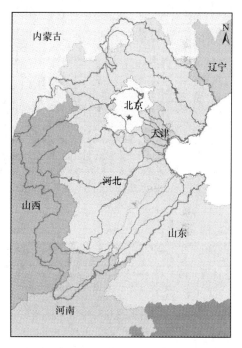

图 6-1 海河流域边界示意地图

由于气候变化和人类活动的影响，海河流域的水资源短缺逐渐成为一个日益严峻的问题。流域降水的减少进一步降低了原本就有限的水资源：平均降水量从 1956~1979 年的 564mm/a 下降到 1980~2005 年的 498mm/a（图 6-2）。此外，由于人口的增长、工业化和城镇化的加速，该地区对水的需求也迅速增加，该区域主要河流的利用程度已达到了其最大容量，仅有极少甚至没有水流入大海。由于地表水的短缺，农业越来越多地依赖地下水资源，从而导致了含水层的快速损耗

（Shi，1997），地下水位随之迅速降低（Yang，2001）。过度开采的地下水资源量接近 80 亿 m^3/a（全球环境基金，2008）。

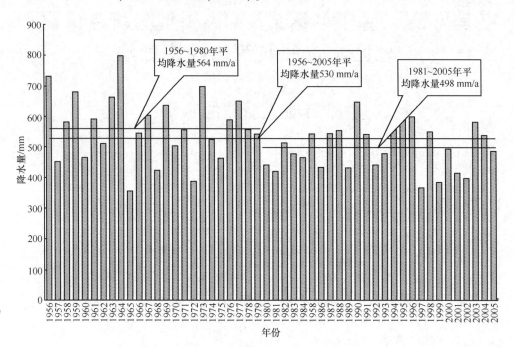

图 6-2 海河流域降水量年际变化

为了实现和维持经济、社会和环境的可持续发展，目前已经提出并采用了一系列措施和政策来解决这一地区的水危机，其中包括减少对地下水资源的过度开采、建设南水北调工程和实施需求管理政策（Zhang and Jia，2003；于伟东，2008；刘德民等，2011；韩瑞光，2011；Qin et al.，2013）。这些有效的水资源管理政策可以为经济、社会和环境产生多种效益。

一般均衡分析能够提供数据供决策者分析，如水资源政策实施对经济、环境和社会多方面的影响分析。决策者可以利用这些信息与适当的水文、生物物理和成本效益分析相联系，从而做出惠及经济、社会和环境的决策。鉴于一般均衡分析能够提供更为广泛的经济反馈数据等信息，许多学者利用 CGE 模型分析了水管理政策的有效性及其经济影响（Diao and Roe，2003；Diao et al.，2005，2008；Fang et al.，2006；Juana et al.，2009；Xia et al.，2010；Qin et al.，2011）。2012 年 Qin 等利用水的一般均衡分析系统（GREAT-W）分析了水资源费对中国经济的可能影响，该模型是一个将水作为生产要素纳入一般均衡分析框架的比较静态可计算 CGE 模型。本章将通过多区域研究对 GREAT-W

模型进行拓展，以此探究水在中国经济中的作用。重点考查京津冀经济区，通过使用多区域、多部门 CGE 模型分析几种情景下水在区域经济中的作用，从而帮助决策者制定符合成本效益原则的水资源政策和措施，以实现水和经济的可持续发展。

6.2　多区域版 GREAT-E 模型的基本结构

本书使用的是 GREAT-E 模型的多区域版本，是一个具有多区域、多部门结构的比较静态瓦尔拉斯 CGE 模型，能够量化区域之间的相似、差异和联系。模型中每个区域作为一个个体经济分别建模，区域间通过商品和服务的相互交易相联系。模型的理论结构是典型的静态 CGE 模型结构，其主要方程根据 1999 年 Robinson 的研究而来。

6.2.1　区域结构

本书的研究集中在三个地区——北京、天津、河北，这三个地区共同构成了海河流域的核心（图 6-1）。多区域版 GREAT-E 模型采用自底而上的方法进行区域分解，相比自上而下的区域分解模型，该模型在模拟中具有更多的优势。在自底而上的区域结构中，每个区域作为一个个体经济分别建模，并配有多个变量，在方程中不同区域对应各自的下标。区域差异可以通过区域的特定价格、区域的特定行业、区域的特定消费者等来表示。跨区域的经济联系可以通过地区内贸易、流动要素和转移支付来反映。

6.2.2　生产技术

多区域版 GREAT-E 模型假定每个区域包括农业、工业及服务业三个部门。生产者对投入的选择使用多层嵌套的 CES 生产函数描述。基本的生产结构如图 6-3 所示。在第一层，生产技术由每个部门两大类投入的 CES 函数来确定：要素投入合成束和中间投入合成束。中间投入束由 Leontief 函数决定，而附加值本身就是一个要素投入的多层嵌套 CES 函数。本书中，水作为一个特定的生产要素纳入 CGE 模型的生产函数。水和劳动力通过 CES 函数在底部结合，随后再通过一个 CES 函数与资本相联系。由于中国目前通过指令性分配水给主要的用户群，所以假定水不能跨部门和区域移动。因此，水价可能在每个区域的每个部门都不相同。

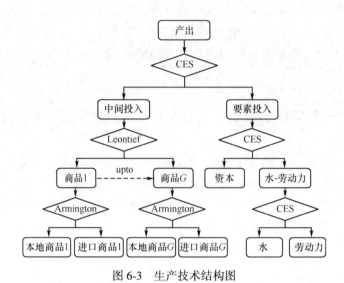

图 6-3　生产技术结构图

6.2.3　本地最终需求

对于居民消费，每个地区又划分为两个家庭组：农村居民和城镇居民。两种类型的居民收入都又来自于要素收入分配（劳动报酬和水）和其他机构（如企业和政府）的转移支付而形成的直接或间接收入。受预算的约束，居民会通过调整对于不同商品的消费选择使其效用最大化。居民支出是由线性支出系统决定的。企业不消费任何商品，他们的主要收入来自于资本回报。企业在向政府支付直接税收后，部分收入通过转移支付分配给居民，而其余部分被保留为企业储蓄。政府的收入主要来自于税收收入，政府消费支出则是由 Cobb-Douglas 消费函数决定。

6.2.4　区域间与国内其他地区及国际贸易

在每个区域中，总的本地产出分别销售到本地、研究区域内其他地区、中国其他地区（the rest of China，ROC）和出口到世界其他地区（the rest of world，ROW）。不同目的地商品间的不完全替代关系由一个多层嵌套的 CET 函数来描述。图 6-4 显示了模型的产出分配结构。

在每个地区中，当地市场需求都是由来自于生产的中间需求、农村和城镇居

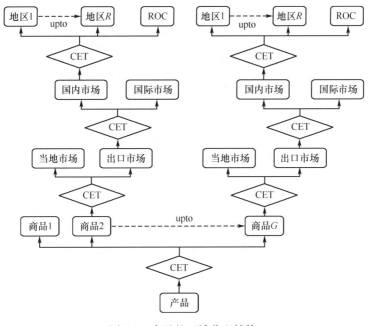

图 6-4 商品的区域分配结构

民消费、政府消费、投资和要素投入需求所组成的。所有的当地市场需求都是由本地供应和从研究区域内其他地区、ROC 以及 ROW 的进口组成的复合商品满足的。本书中,我们使用一个多层嵌套的 CES 函数来描述当地产出和不同来源地的进口产品之间的不完全替代关系 Armington(1969)。国内产品和进口产品之间的 Armington 假设,使得现有的贸易统计可立即用于多区域贸易模型。然而,替代弹性是外生确定的参数,模型的模拟结果会受到替代弹性值的强烈影响(Zhang,2006)。图 6-5 为区域商品贸易结构示意图。

6.2.5 宏观闭合

多区域版 GREAT-E 模型采用了新古典主义的闭合规则。对于每个区域,限定在该模型的宏观系统的闭合规则包括三个部分:政府收支平衡、储蓄投资平衡和贸易平衡。政府储蓄率是外生的,而政府支出是内生的。区域资本形成是灵活的,而边际储蓄倾向(MPS)对所有家庭而言是固定的。实际汇率是外生的,而外国储蓄(等于进口减去出口)是内生的。在这项研究中,不同区域各个家庭的 MPS 等同于当前家庭储蓄与家庭收入减去政府税收的比值。每个区域的政府

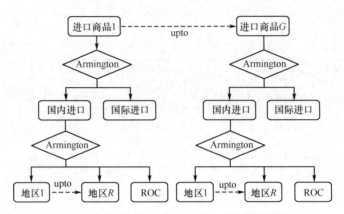

图 6-5 不同来源地进口商品的区域供应结构

储蓄率由政府税收与政府税收减去政府支出的比值来决定。

6.3 嵌入水资源的社会核算矩阵编制

对于水资源政策分析，建立一个嵌入水资源的社会核算矩阵（WSAM）十分必要，这种核算矩阵能够提供一致的宏观经济数据库以校准模型参数。WSAM 的基本结构见表 6-1。由于缺乏官方的 SAM，本书通过整合数据构建了一个包含北京、天津和河北的多区域 SAM。由于数据来源的不同及各种统计的差异，各省（市）的 SAM 在基准年（2007 年）并不平衡。为了满足行列约束，我们在 GAMS 软件环境下采用交叉熵法来平衡各省（市）微观 SAM（Robinson et al.，1998）。

6.3.1 经济数据

北京、天津、河北三处地区的活动、商品及进出口账户的数据来自 2007 年地区投入产出表；进口关税的数据来自《中国海关统计年鉴 2008》（海关总署，2008）；政府费用账户中的收入来自《中国金融年鉴 2008》（财政部，2008a）；税收数据来自《中国税务年鉴 2008》（国家税务总局，2008）；居民和政府的收入和支出数据根据《中国统计年鉴 2008》（国家统计局，2008）中的资金流动账户进行了调整。

表 6-1 WSAM 的基本结构

账户分类	活动账户	商品账户	要素账户 资本	要素账户 劳动力	水资源账户	机构账户 企业	机构账户 居民	机构账户 政府	国外账户	投资-储蓄账户	存货变动账户	汇总账户
活动账户		总销售										总产出
商品账户	中间投入						居民消费	政府消费	出口	固定资本形成	存货净变动	总需求
要素账户 资本	资本回报											资本收入
要素账户 劳动力	劳动报酬											劳动收入
水资源账户	水资源价值											水资源价值
机构账户 企业			资本收入		水资源价值			转移支付				企业收入
机构账户 居民				劳动报酬		转移支付		转移支付	转移支付			居民收入
机构账户 政府	生产税	关税	要素税		水资源费	企业所得税	个人所得税		转移支付			政府收入
国外账户		进口										外汇支出
投资-储蓄账户						企业储蓄	居民储蓄	政府储蓄	国外储蓄			总储蓄
存货变动账户										存货变动		存货变动
汇总账户	总投入	总供给	资本回报	劳动回报	水资源价值	企业支出	居民支出	政府支出	外汇收入	总投资	存货变动	

6.3.2 跨区域贸易流量估算

由于中国省级投入产出表中的国内贸易账户只提供商品进出口和调入调出到 ROC 的总额，本研究区内的跨区域贸易数据不能直接得到。因此，本书采用贸易引力模型（Tinbergen，1962）估算北京、天津及河北之间的区域贸易流量。需要注意的是，跨区域贸易流的估算可能会影响研究的模拟结果。使用方程如下（李善同，2010）：

$$x_i^{gh} = e^\alpha \ (x_i^{gO})^{\beta_1} \ (x_i^{Oh})^{\beta_2} \frac{(G^g)^{\beta_3} \ (G^h)^{\beta_4}}{(d^{gh})^{\beta_5}} \tag{6-1}$$

式中，x_i^{gh} 为产品 i 由地区 g 出口到地区 h 的数量；x_i^{gO} 为产品 i 由地区 g 出口到 ROC 的数量；x_i^{Oh} 为产品 i 由 ROC 进口到地区 h 的数量；G^g 和 G^h 分别为地区 g 和地区 h 的 GDP；d^{gh} 为地区 g 和地区 h 之间的距离；e 为常数；α，β_1，β_2，β_3，β_4，β_5 为弹性参数。

6.3.3 水的经济价值核算

本书中，将基准年水的边际价值（水的影子价格）代表水的均衡价格，构建一个边际生产力估算模型对每个区域的行业用水进行了价值计算。该模型中，水同资本和劳动力一样作为 Cobb-Douglas 生产函数中的投入项。

$$Z = AK^\alpha L^\beta W^{1-\alpha-\beta} \tag{6-2}$$

式中，Z 为产出价值（亿元）；L 和 K 分别为劳动力和资本（亿元）；W 为输入水的数量（亿 m³）；A 为行业技术效率的常数；α、β 和 $1-\alpha-\beta$ 分别为劳动力、资本和水的产出弹性。

式（6-2）可以通过自然对数进行线性化，即

$$\ln\left(\frac{Z}{W}\right) = \ln A + \alpha \cdot \ln\left(\frac{K}{W}\right) + \beta \cdot \ln\left(\frac{L}{W}\right) \tag{6-3}$$

根据 1978～2009 年的数据，使用 SPSS 软件中的回归分析对 α 和 β 进行估算。各个区域不同部门水的产出弹性 σ 通过以下公式确定：

$$\sigma = \frac{\partial \ln Z}{\partial \ln W} = 1 - \alpha - \beta \tag{6-4}$$

水的边际价值 ρ 由下式计算：

$$\rho = \sigma \cdot \frac{Z}{W} \tag{6-5}$$

产出弹性和水边际价值计算结果见表 6-2。农业部门用水具有最高的产出弹性，但其使用水的边际价值却较低。这说明尽管与其他部门相比水的边际价值较低，但水的供应在农业生产中却是最重要的，也就是说农业生产高度依赖水资源的供应。服务业用水具有最高的边际价值，工业用水次之。从总体水平来看，北京生产用水在整体经济中具有最高的边际价值，这是因为服务业在北京的比重远大于天津和河北。由于河北地区农业耗水量占比较大，因此在河北生产用水的边际价值是三个地区中最低的。与以往研究（沈大军等，2000；龚园喜，2007）相比，本书中水的产出弹性评估结果是可信的。同时，农业和工业用水的边际价值计算结果与秦长海等（2012）的研究结果也是接近的。根据张志霞等（2012）的研究，服务行业用水的边际价值高于其他行业，因此可以认为本书研究中服务业用水的边际价值计算结果也是合理的。

表 6-2 2007 年水的产出弹性和边际价值

部门	水的产出弹性			水的边际价值/（元/m³）		
	北京	天津	河北	北京	天津	河北
农业	0.420	0.447	0.434	3.42	3.50	5.03
工业	0.079	0.069	0.088	32.24	45.78	24.32
服务业	0.109	0.091	0.087	125.27	163.14	184.57
加权平均	0.105	0.086	0.133	41.41	23.05	9.86

6.3.4 京津冀嵌入水资源的社会核算矩阵

根据《水资源统计公报 2007》（水利部，2008）中供水和用水的统计数据，这里计算了水的边际价值，进而评估水在经济活动中的总回报（水的总经济价值，TEV）。

$$\text{TEV} = \rho W \qquad (6\text{-}6)$$

水是人类居住和生产最为重要的自然资源之一。作为一种用于生活的普通消费商品，水的使用属于一种消费产品需求。但在生产过程中，水同样可以像劳动和资本一样，作为生产要素（Gatto，2005）。因此，在本书中，水被视为一种主要的要素添加到生产函数中，水账户从相应的资本和劳动账户中分离而来，并假设每个区域的居民都从该地区的水资源禀赋得到收入。本书编制的北京、天津和河北的嵌入水资源最终 SAM 见表 6-3~表 6-5。

（单位：亿元）

表 6-3 北京 2007 年嵌入水资源的最终 SAM

账户分类		活动账户			商品账户			要素账户		水资源账户			居民账户		机构账户		储蓄-投资账户	贸易账户				总计
		农业	工业	服务业	农业	工业	服务业	资本	劳动力	农业	工业	服务业	农村	城镇	企业	政府	投资	天津	河北	ROC	ROW	
活动账户	农业				273																	273
	工业					11 391																11 391
	服务业						15 650															15 650
商品账户	农业	94	173	101									16	123		8	14	0	0	0	33	562
	工业	45	7 213	3 732									76	1 102		0	3 134	372	498	2 089	2 304	20 565
	服务业	32	1 443	4 618									130	1 425		2 206	1 411	460	445	3 792	2 022	17 984
要素账户	CAP	18	1 082	2 766																		3 866
	LAB	39	847	3 109																		3 995
水资源账户	农业	42																				42
	工业		166																			166
	服务业			721																		721
居民账户	农村								296	42	5	22			55							420
	城镇								3 700		161	699			690							5 250
机构账户	企业							3 866														3 866
	政府	2	467	603	2	47	21						34	305	2 026							3 507
储蓄-投资账户	储蓄												164	2 295	1 095	1 294		-2	314	164	-765	4 558
贸易账户	天津				5	742	83															830
	河北				66	1 007	183															1 257
	ROC				106	4 972	967															6 045
	ROW				109	2 405	1 079															3 594
合计		273	11 391	15 650	562	20 565	17 984	3 866	3 995	42	166	721	420	5 250	3 866	3 507	4 558	830	1 257	6 045	3 594	—

表6-4　天津2007年嵌入水资源的最终SAM

（单位：亿元）

账户分类		活动账户			商品账户			要素账户		水资源账户			居民账户		机构账户		储蓄-投资账户	贸易账户				总计
		农业	工业	服务业	农业	工业	服务业	资本	劳动力	农业	工业	服务业	农村	城镇	企业	政府	投资	天津	河北	ROC	ROW	
活动账户	农业				241																	241
	工业					11 664																11 664
	服务业						3 891															3 891
商品账户	农业	30	100	15									8	75		58	-5	5	13	58	18	375
	工业	74	6 484	843									57	525		0	2 370	742	488	3 834	1 771	17 187
	服务业	26	2 188	986									80	564		697	557	83	111	943	451	6 687
要素账户	资本	2	1 425	940																		2 367
	劳动力	59	707	656																		1 422
水资源账户	农业	49																				49
	工业		159																			159
	服务业			159																		159
居民账户	农村								279	49	11	11			265							617
	城镇								1 143		148	148			1 085							2 524
机构账户	企业							2 367														2 367
	政府	0	601	293		24	7						11	62	336							1 335
储蓄-投资账户	储蓄												461	1 297	680	580		2	-62	589	-625	2 922
贸易账户	北京				0	372	460															832
	河北				21	402	127															551
	ROC				93	3 498	1 833															5 424
	ROW				20	1 227	368															1 615
合计		241	11 664	3 891	375	17 187	6 687	2 367	1 422	49	159	159	617	2 524	2 367	1 335	2 922	832	551	5 424	1 615	—

表6-5 河北2007年嵌入水资源的最终SAM

（单位：亿元）

账户分类		活动账户 农业	活动账户 工业	活动账户 服务业	商品账户 农业	商品账户 工业	商品账户 服务业	要素账户 资本	要素账户 劳动力	水资源账户 农业	水资源账户 工业	水资源账户 服务业	居民账户 农村	居民账户 城镇	机构账户 企业	机构账户 政府	储蓄-投资账户 投资	贸易账户 天津	贸易账户 河北	贸易账户 ROC	贸易账户 ROW	总计
活动账户	农业				3 076																	3 076
	工业					28 067																28 067
	服务业						8 955															8 955
商品账户	农业	475	1 190	156									112	283		6	−275	66	21	1 772	21	3 827
	工业	668	17 040	2 119									575	1 132		0	6 659	1 007	402	11 141	1 243	41 987
	服务业	128	2 526	2 017									653	1 196		1 958	377	183	127	2 706	124	11 997
要素账户	资本	32	3 947	1 953																		5 933
	劳动力	1 017	1 507	1 652																		4 176
水资源账户	农业	804																				804
	工业		524																			524
	服务业			342																		342
居民账户	农村								1 432	804	24	16			376							2 652
	城镇								2 744		500	326			1 511							5 081
机构账户	企业							5 933														5 933
	政府	−49	1 333	715									29	116	393							2 551
储蓄-投资账户	储蓄												1 283	2 354	3 653	587		−314	62	−196	−668	6 761
贸易账户	北京				0	498	445															942
	天津				13	488	111															613
	ROC				664	12 355	2 405															15 423
	ROW				74	567	79															720
合计		3 076	28 067	8 955	3 827	41 987	11 997	5 933	4 176	804	524	342	2 652	5 081	5 933	2 551	6 761	942	613	15 423	720	—

6.4 模型参数的标定

在 CGE 模型中，包括消费者和政府消费、平均储蓄率和平均税率在内的份额参数可以通过 WSAM 来校准。校准过程保证了初始数据集可以在基准测试中模拟校验。模型中其他类型的参数为弹性参数则参考其他研究确定（Dervis et al.，1982；Zhuang，1996；郑玉歆和樊明太，1999；Willenbockel，2006；王铮等，2009；李善同和何建武，2010），包括主要要素和中间投入之间的 CES 弹性值、Armington 弹性、CET 转换弹性和自身价格弹性。

本书中，水作为明确的生产要素引入到生产函数中。因此，生产要素中的替代弹性参数在确定替代水政策模拟的结果中更加关键，需要通过计量经济分析来估算每个区域每个部门的值。在该模型框架中，水、劳动力和资本由两级嵌套的 CES 生产函数表示。

$$Y_{WL} = \left(aW^{-\rho_1} + (1-a) L^{-\rho_1} \right)^{-\frac{1}{\rho_1}} \tag{6-7}$$

$$Y = A \left[bY_{WL}^{-\rho} + b (1-b) K^{-\rho} \right]^{-\frac{m}{\rho}} \tag{6-8}$$

式中，Y_{WL} 为水（W）和劳动力（L）的组合；Y 为增加值；A 为技术效率；m 为规模效益水平；a 和 b 为份额参数（$0<a$，$b<1$）；ρ_1 和 ρ 为转移参数（$\rho_1<\infty$，$\rho>-1$）。

式（6-7）和式（6-8）可以线性近似地转换为自然对数形式。

$$\ln Y = \ln A + bm\ln Y_{WL} + (1-b) m\ln K - \frac{1}{2}\rho mb(1-b) \left[\ln\left(\frac{Y_{WL}}{K}\right) \right]^2 \tag{6-9}$$

$$\ln Y_{WL} = a\ln W + (1-a) \ln L - \frac{1}{2}\rho_1 a(1-a) \left[\ln\left(\frac{W}{L}\right) \right]^2 \tag{6-10}$$

将式（6-10）代入式（6-9）可得

$$\ln Y = \ln A + bma\ln W + bm(1-a) \ln L + (1-b) m\ln K - \frac{1}{2}mb\rho_1 a(1-a)$$
$$\cdot \left[\ln\left(\frac{W}{L}\right) \right]^2 - \frac{1}{2}\rho mb(1-b) \left[\ln\left(\frac{W}{K}\right) \right]^2 \tag{6-11}$$

通过回归分析，可以计算得出 a、b、m、ρ_1 和 ρ 的值，进而得到水和劳动力之间的替代弹性 σ_1，以及资本和水-劳动力组合之间的替代弹性 σ。

$$\sigma_1 = -\frac{1}{\rho_1} \tag{6-12}$$

$$\sigma = -\frac{1}{\rho} \tag{6-13}$$

要素间替代弹性的计算结果见表 6-6。

表 6-6 要素间替代弹性参数估算

区域	部门	水和劳动力之间的替代 CES 弹性	资本和水-劳动力合成束之间的 CES 替代弹性
北京	农业	0.72	0.13
	工业	0.29	0.43
	服务业	0.73	0.84
天津	农业	0.74	0.26
	工业	0.34	0.50
	服务业	0.52	0.82
河北	农业	0.79	0.60
	工业	0.40	0.67
	服务业	0.40	0.87

6.5 模拟情景设置

完成模型校准后，设定三组水资源政策情景，分别是减少地下水超采、南水北调工程供水和用水再分配政策，从而建立 CGE 模型来评估这些政策措施，实施其对区域内经济发展的影响。

6.5.1 情景组 1：减少地下水超采

过去，经济发展依靠过度使用地下水和地表水资源，从而导致了地下水位的下降和生态需水的减少（Shi，1997；Yang，2001）。对于海河流域而言，关键的任务就是将地下水的过度开采降低到可再生水平，从而实现可用水资源的可持续发展。为评估减少地下水使用的影响，设定此情景来分析减少用水的社会经济影响。该评估结果也可以看作地下水枯竭时，供水危机所引发的经济损失。根据 2008 年全球环境基金研究报告，年均过度开采的地下水预计近 80 亿 m³，相当于海河流域用水总量的约 20%。在本书中，假设北京、天津、河北及中国其他地区的水用户为减少地下水超采成比例地减少用水量。在情景组 1 中，设定以下三种情景。

情景 S1a：在北京、天津和河北的生产部门中，相比 2007 年用水水平减少

5%的水供给。

情景 S1b：在北京、天津和河北的生产部门中，相比 2007 年用水水平减少 10%的水供给。

情景 S1c：在北京、天津和河北的生产部门中，相比 2007 年用水水平减少 20%的水供给。这一组的减少程度能够使地下水位回到可再生水平。

6.5.2 情景组 2：南水北调工程调水

有限的水资源是研究区经济发展面临的最大约束。考虑到这一点，同时为了保护稀缺的水资源并满足环境用水需求，中国政府正采取有效措施来控制用水总量。这将不可避免地减少供水量，并对经济增长产生负面影响。为了改善海河流域供水水平，目前已提出多个大型工程，其中一些已经启动。南水北调工程的东线和中线工程将在本书研究区的用水供应中扮演关键角色。为了评估改善供水水平的经济效益，这个情景组用来模拟建设南水北调工程对区域经济发展的影响。其结果也可为该工程的决策者进行经济可行性评估提供依据。

本情景组依据工程的实施阶段，设定了两个情景。根据项目计划，调水主要用于工业、服务业和生活使用。然而，建设南水北调工程后，农业将得到更多的当地水资源。因此，在这个情景组中，提出两个假设：当地供水减少到基准年 80%的水平，也就是本地水资源使用量降低到地下水可再生水平；在此基础上加上每个地区分配到的南水北调来水，并且假设每个地区分配到的水量在水用户之间按比例分配。情景组 2 中的情景设置如下（表 6-7）。

表 6-7 南水北调水量分配方案及供水情景

地区	调水量/亿 m³		考虑地下水减采和调水后的供水水平变化（基准情景=1）	
	一期工程	二期工程	S2a	S2b
北京	10.5	14.3	1.10	1.21
天津	11.2	18.6	1.28	1.60
河北	32.4	52.3	0.96	1.06
总计	54.1	85.2	1.01	1.13

情景 S2a：当地供水减少到基准年 80%的水平，且调水按 2020 年的工程调水量对每个区域供水（一期项目），南水北调来水在不同用水户间按比例分配。

情景 S2b：当地供水减少到基准年 80%的水平，且调水按 2030 年的工程调水量对每个区域供水（二期项目），南水北调来水在不同用水户间按比例分配。

6.5.3 情景组3：用水再分配政策

由于复杂的技术、经济、社会和环境问题，加上资源的约束和不断增加的边际成本，通过供给机制来满足不断增长的水需求逐渐变得不可行。其他的管理方法，如需水管理政策，必将在发展水资源政策中得到更大重视（Ashton and Seetal, 2002）。随着经济的增长，特别是京津冀经济区，非农业部门的用水需求也将继续增加（于伟乐，2008；韩瑞光，2011）。依照之前的计算，农业用水相比非农业用水边际价值较低。如果更多地向高附加值的部门供水，用水效率应当提高。因此，设置这一情景的主要目的就是探究水资源从农业向非农业部门再分配是否确实会提高用水效益。

为了简化基准情景的设置，并能更清楚地比较结果，此情景组没有考虑南水北调工程调水，而是考虑根据当前供水水平将农业用水份额转移到工业和服务业部门。这个模拟结果可用于分析不同水份额再分配带来的经济影响。三个情景设置如下（表6-8）。

表6-8 用水再分配情景方案设置

地区	行业	基准年用水量/亿 m^3	再分配后供水水平变化（基准情景=1）		
			S3a	S3b	S3c
北京	农业	12.44	0.95	0.90	0.80
	工业	6.17	1.05	1.10	1.20
	服务业	6.32	1.05	1.10	1.20
	总计	24.93	1.00	1.00	1.00
天津	农业	14.06	0.95	0.90	0.80
	工业	4.39	1.12	1.25	1.50
	服务业	1.25	1.12	1.25	1.50
	总计	19.70	1.00	1.00	1.00
河北	农业	155.73	0.95	0.90	0.80
	工业	25.96	1.28	1.55	2.11
	服务业	2.16	1.28	1.55	2.11
	总计	183.85	1.00	1.00	1.00

S3a：根据计算出的各部门水的边际价值，将每个地区农业用水的 5% 按比例分配给当地工业和服务业部门。

S3b：根据计算出的各部门水的边际价值，将每个地区农业用水的 10% 按比例分配给当地工业和服务业部门。

S3c：根据计算出的各部门水的边际价值，将每个地区农业用水的 20% 按比例分配给当地工业和服务业部门。

6.6　模拟结果与讨论

6.6.1　减少地下水超采的经济影响分析

减少地下水超采情景组中主要经济变量的模拟结果见表 6-9。减少地下水的使用会影响生产部门的产出，进而导致产品价格的变化，而产品价格与消费者的消费水平、贸易部门的进出口水平以及 GDP 密切相关。如同 CGE 模型所描述，由于减少地下水的开采量，供水水平随之下降。表 6-9 中，所有地区的产出水平和 GDP 均呈现出相似的下降趋势。随着供水水平的降低幅度增加，使得宏观经济成本也随之增加。当地下水资源的开发利用减少到可再生水平时，整个研究区域的产出水平和 GDP 分别下降 2.76% 和 2.66%。同时，居民和政府收入由于产出和 GDP 的下降也随之减少，农村居民受影响尤其严重。如果地下水资源的开发利用减少到可再生的水平，农村居民的收入水平将下降 13.76%。居民收入的减少会降低人们的购买力和福利水平。本书应用希克斯等价变量（EV）代表调整水资源政策对家庭福利的影响。表 6-9 的结果同样证明降低供水水平将造成研究区内农村和城镇居民福利的下降。

在行业层面上，各个部门的产出都受到供水水平减少的影响而下降。其中农业生产受到的影响最大。如果地下水资源的开发利用减少到可再生水平，整个研究区的农业生产水平将下降大约 9%。这是由于水在农业生产中起着十分重要的作用，因而尽管农业用水边际价值很低，农业产出对水的产出弹性却最高。产出和消费水平的下降导致出口水平的下降，只有服务业商品的出口水平略有增加，这可能是由于购买力下降导致当地需求水平也随之下降，因此过剩的服务业商品需要出口到世界和研究区外的国内其他市场。此外，当地需求和消费水平的下降也会影响进口水平。

表 6-9　减少地下水超采情景组中主要经济变量的变化　　　　　　（单位:%）

经济变量	S1a：减少 5%供水				S1b：减少 10%供水				S1c：减少 20%供水			
	北京	天津	河北	合计	北京	天津	河北	合计	北京	天津	河北	合计
GDP	-0.56	-0.43	-0.65	-0.58	-1.17	-0.91	-1.35	-1.21	-2.56	-2.04	-2.97	-2.66
总产出	-0.70	-0.44	-0.54	-0.58	-1.48	-0.94	-1.15	-1.23	-3.30	-2.17	-2.58	-2.76
农业产出	-3.77	-2.02	-1.80	-2.12	-7.66	-4.15	-3.65	-4.31	-15.82	-8.73	-7.58	-8.94
工业产出	-0.83	-0.40	-0.42	-0.52	-1.80	-0.87	-0.89	-1.11	-4.19	-2.06	-2.00	-2.54
服务业产出	-0.53	-0.42	-0.59	-0.53	-1.09	-0.89	-1.27	-1.12	-2.35	-1.97	-2.97	-2.51
居民福利（EV）	-0.85	-1.07	-1.93	-1.41	-1.76	-2.24	-4.01	-2.93	-3.84	-5.00	-8.70	-6.39
农村居民福利	-0.75	-3.88	-3.56	-3.22	-1.63	-8.15	-7.34	-6.67	-3.84	-18.14	-15.66	-14.33
城镇居民福利	-0.86	-0.72	-1.10	-0.93	-1.77	-1.51	-2.31	-1.94	-3.84	-3.37	-5.13	-4.28
居民总收入	-0.76	-1.01	-1.87	-1.32	-1.58	-2.12	-3.87	-2.75	-3.44	-4.73	-8.39	-5.98
农村居民收入	-0.64	-3.61	-3.50	-3.10	-1.39	-7.59	-7.20	-6.40	-3.29	-16.89	-15.36	-13.76
城镇居民收入	-0.77	-0.68	-1.05	-0.86	-1.59	-1.43	-2.20	-1.80	-3.45	-3.19	-4.89	-3.97
政府收入	-1.27	-1.28	-0.95	-1.14	-2.65	-2.73	-2.04	-2.42	-5.81	-6.32	-4.75	-5.46
向 ROC 和 ROW 的总出口	-0.54	-0.43	-0.56	-0.53	-1.15	-0.92	-1.18	-1.12	-2.59	-2.13	-2.58	-2.49
农业出口	-9.46	-4.64	-3.36	-3.52	-18.53	-9.24	-6.71	-7.02	-35.41	-18.29	-13.38	-13.96
工业出口	-1.24	-0.49	-0.37	-0.57	-2.70	-1.07	-0.79	-1.24	-6.39	-2.60	-1.86	-2.94
服务业出口	0.03	0.04	0.36	0.12	0.11	0.15	0.66	0.27	0.48	0.62	1.09	0.67
从 ROC 和 ROW 的总进口	-0.56	-0.46	-0.59	-0.55	-1.19	-0.99	-1.23	-1.17	-2.66	-2.29	-2.71	-2.61
农业进口	0.60	0.00	-0.60	-0.30	1.19	-0.10	-1.29	-0.66	2.22	-0.71	-2.98	-1.69
工业进口	-0.49	-0.34	-0.46	-0.45	-1.03	-0.73	-0.96	-0.94	-2.30	-1.67	-2.11	-2.08
服务业进口	-0.95	-0.74	-1.26	-1.00	-2.01	-1.59	-2.63	-2.10	-4.48	-3.70	-5.76	-4.70

当前，中国华北地区的经济增长在一定程度上正通过过度消耗地下水来实现的。虽然减少地下水超采情景的模拟结果（情景组 1）表明，降低供水水平会对经济和家庭福利产生严重的负面影响，但继续过度开发水资源将会严重威胁到生态环境，最终导致经济发展的恶性循环。如果这种情况不能逆转，且供水安全不能保证，那么经济、社会和环境的可持续发展将受到严重威胁。一旦地下水资源枯竭，供水危机将造成 GDP、福利和环境的巨大损失。因此，中国政府应采取有效措施来减少地下水使用，以维持地下水的可再生水平并保证地下蓄水层的补给。

6.6.2 南水北调工程供水的经济影响分析

基于该情景组的模拟结果可以得出，南水北调工程的建设会为研究区域各地区带来积极的经济、社会和环境影响。情景组 2 中，通过南水北调工程增加京津冀地区的供水量，对主要经济变量的影响见表 6-10。南水北调工程完成后，将增加研究区的供水保障水平，促使产出水平提高，GDP 也会增加。在二期工程完成前，只有河北的产出水平和 GDP 较基准年下降，这是因为该情景组假定原有的供水水平降低到地下水可再生能力范围内，一期工程分配给河北的供水量要比该地区地下水使用减少量要少。对比表 6-10 与情景 S1c（即减少地下水使用水平20%）在表 6-9 中的结果，可以看出建设南水北调工程对研究区域所有地区的经济都有积极的影响。根据水利部发展研究中心（2003）和秦长海等（2010）的研究，经济效益能够涵盖工程的建设成本。表 6-10 还表明，居民和政府的收入水平由于南水北调工程的建设而有所提高。而居民收入水平的增加提高了居民的购买力，从而增加了居民福利水平。

表 6-10　南水北调工程调水情景组中主要经济变量的变化　（单位:%）

经济变量	S2a：一期工程				S2b：二期工程			
	北京	天津	河北	总计	北京	天津	河北	总计
GDP	0.96	1.66	−0.44	0.41	1.96	2.99	1.52	1.93
总产出	1.20	1.77	−0.44	0.50	2.29	2.86	1.17	1.84
农业产出	7.36	10.38	−1.50	0.94	14.63	19.87	4.34	7.34
工业产出	1.34	1.47	−0.38	0.39	2.40	2.12	0.89	1.49
服务业产出	0.95	1.85	−0.39	0.61	1.89	3.33	1.21	1.85
居民福利（EV）	1.43	3.96	−1.30	0.51	3.02	7.31	4.62	4.49
农村居民福利	1.22	15.63	−2.72	−0.65	2.19	28.01	8.48	9.32
城镇居民福利	1.45	2.51	−0.57	0.82	3.09	4.74	2.64	3.21

续表

经济变量	S2a：一期工程				S2b：二期工程			
	北京	天津	河北	总计	北京	天津	河北	总计
居民总收入	1.28	3.75	-1.25	0.48	2.70	6.92	4.46	4.20
农村居民收入	1.04	14.55	-2.67	-0.63	1.84	26.08	8.32	8.95
城镇居民收入	1.30	2.38	-0.55	0.77	2.78	4.49	2.52	2.98
政府收入	2.18	4.36	-0.33	1.51	4.35	7.18	2.14	3.90
向 ROC 和 ROW 的总出口	0.98	1.74	-0.51	0.40	1.74	2.67	1.25	1.69
农业出口	19.03	26.54	-2.72	-1.17	42.88	57.54	8.76	11.31
工业出口	1.89	1.62	-0.35	0.58	3.30	2.04	0.70	1.55
服务业出口	0.18	0.88	0.20	0.28	0.33	2.24	-1.14	0.18
从 ROC 和 ROW 的总进口	0.95	1.62	-0.43	0.41	1.84	2.61	1.35	1.77
农业进口	-0.76	-1.00	-0.45	-0.57	-2.41	-2.99	1.26	0.07
工业进口	0.83	1.30	-0.36	0.30	1.61	2.13	1.04	1.41
服务业进口	1.55	2.44	-0.75	0.99	3.12	3.94	3.00	3.34

在行业层面上，南水北调工程完成后农业生产的产出水平大幅增长，远远高于工业和服务业产出水平的增长。由于农业在整体经济中仅占很小比例，通过建设南水北调工程获得的经济收益可能比想象的低。工程完成后，总产出和 GDP 水平各增加不到2%。这是因为此情景组中，调水量是在各部门间按比例分配的，农业部门得到了更多的水，但农业用水的边际价值却很低。研究区域中有限的可用水资源应该从低附加值行业向高附加值行业使用转移。在用水再分配政策情景组中，我们将研究水资源从农业部门向其他部门转移的再分配政策的经济影响。

6.6.3 用水再分配政策的经济影响

模拟结果表明，水资源从低附加值部门重新分配到高附加值部门可以对宏观经济产生积极的影响。用水再分配政策情景组（从农业向其他生产部门重新分配水）中主要经济变量的变化结果见表6-11。从农业向工业和服务业部门重新分配5%~20%的水会导致所有地区产出和 GDP 呈现相似的增长变化。如果 20% 的水从农业转移到工业和服务业部门，整个研究区域的产出水平和 GDP 会分别增加3.26%和2.05%。由于流域大部分的水已经由基础设施（水库、水渠等）所控制，所以水资源再分配成本相对较低。过去由于水资源的约束，大型制造业和服务行业在该区域的建设受到限制。而足够的水资源将促使这些产业的投资，并进一步促进该区域的发展。

表6-11 用水再分配政策情景组中主要经济变量的变化

（单位：%）

经济变量	S3a: 重新分配 5%农业用水				S3b: 重新分配 10%农业用水				S3c: 重新分配 20%农业用水			
	北京	天津	河北	合计	北京	天津	河北	合计	北京	天津	河北	合计
GDP	0.48	0.71	1.22	0.87	0.89	1.25	1.89	1.43	1.54	1.99	2.44	2.05
总产出	0.49	0.77	2.08	1.31	0.93	1.34	3.37	2.18	1.66	2.07	4.81	3.26
农业产出	-3.33	-1.97	-2.49	-2.57	-6.91	-4.12	-4.92	-5.14	-14.66	-8.87	-9.73	-10.39
工业产出	0.59	0.77	2.01	1.43	1.09	1.30	3.29	2.38	1.87	1.92	4.80	3.53
服务业产出	0.53	0.95	3.18	1.49	1.03	1.75	5.26	2.57	1.96	3.07	7.84	4.12
居民福利（EV）	0.84	1.75	2.11	1.60	1.53	3.07	3.05	2.52	2.63	4.92	3.27	3.31
农村居民福利	1.87	6.29	2.09	2.42	3.57	11.12	2.88	3.67	6.64	17.94	2.26	4.16
城镇居民福利	0.75	1.18	2.12	1.39	1.36	2.07	3.15	2.21	2.30	3.30	3.78	3.08
居民总收入	0.75	1.66	2.03	1.50	1.37	2.91	2.95	2.36	2.36	4.66	3.15	3.10
农村居民收入	1.66	5.84	2.02	2.30	3.18	10.32	2.77	3.49	5.94	16.65	2.13	3.95
城镇居民收入	0.67	1.12	2.04	1.29	1.21	1.97	3.03	2.07	2.05	3.14	3.66	2.88
政府收入	1.31	2.48	5.14	3.01	2.47	4.35	8.51	5.16	4.45	6.91	12.66	8.10
向 ROC 和 ROW 的总出口	0.43	0.83	1.60	1.09	0.85	1.43	2.58	1.82	1.61	2.21	3.62	2.73
农业出口	-12.43	-9.87	-10.86	-10.84	-23.70	-18.47	-19.22	-19.27	-43.43	-33.28	-32.46	-32.69
工业出口	0.93	1.04	2.93	2.06	1.68	1.74	4.86	3.45	2.72	2.50	7.27	5.18
服务业出口	0.13	0.53	3.69	1.19	0.36	1.25	6.39	2.18	1.03	2.97	10.49	3.97
从 ROC 和 ROW 的总进口	0.54	0.84	1.63	1.14	1.02	1.44	2.64	1.91	1.85	2.22	3.73	2.85
农业进口	3.31	4.27	4.38	4.15	6.56	8.07	7.63	7.46	13.26	14.99	12.59	12.98
工业进口	0.34	0.58	1.28	0.87	0.66	0.99	2.05	1.44	1.21	1.52	2.85	2.12
服务业进口	0.95	1.23	2.67	1.68	1.73	2.08	4.23	2.76	2.94	3.06	5.65	3.98

由表 6-11 可知，居民和政府的收入水平也将因为水从农业向其他部门的再分配而有所增加。如果将 20% 的农业用水转移到工业和服务业，那么整个研究区域中居民和政府的收入水平将分别提高 3. 10% 和 8. 10%。居民收入水平的增长进而会提高当地购买力和福利。从表 6-11 中我们也注意到，如果 20% 的农业用水转移到工业和服务业，农村和城镇居民的福利会分别增加 4. 16% 和 3.08%。这是因为农村家庭目前能够通过提供劳动力从其他行业来获得收入。模拟结果中，农村居民收入的增长落后于城镇居民收入的增长，这说明水资源再分配政策将为那些大部分收入来源于销售农产品的农村居民造成负面影响。

在行业层面上，表 6-11 表明将部分农业用水转移到其他生产部门时，农业生产会遭受重大损失。如果 20% 的农业用水被重新分配给工业和服务业，那么整个研究区域内农业产出水平将下降超过 10%。一方面，将水从低附加值部门重新分配到高附加值部门可以促进从低用水效率部门向相对较高用水效率部门的经济结构调整；另一方面，该地区生产大量优质农产品，尤其是玉米和小麦。农业用水在国家粮食安全中具有重大作用，为了保持农业生产稳定以及农业家庭的生活水平，政府应当为农民提供投资节水技术的补贴。但如果只依赖政府投资，成本将会很高。另一个政策建议是建立水市场，允许那些用水效率低下者（农业）将水卖给有用水需求的其他部门（如服务业）的用户。这样用水效率在这两个部门都会提高。

由于产出水平和消费水平的提高，贸易水平也随之提高。当 20% 的农业用水重新分配给工业和服务业时，进出口总额会分别增长 2.73% 和 2.85%。然而，农业生产的减少将会导致农业产出水平的降低。如果 20% 的农业用水重新分配到其他行业，那么农业出口水平将大幅降低超过 32%。为了满足当地的农产品需求，农产品进口的总量将增加 12.98%。根据 Heckscher-Ohlin（HO）定理（Heckscher，1919；Ohlin，1933），不同地区的比较优势依赖于相关要素禀赋。从表 6-11 还可看出，水资源从低附加值部门重新分配到高附加值部门改变了各部门的相对比较优势。低用水效率部门会增加进口来满足当地需求，而相对高用水效率部门的比较优势将会增加，他们将向其他地区出口更多产品。在"虚拟"水理论（Allan，1998）中，这相当于减少了当地的水需求并改善了用水效率。

6.7 主要结论与建议

本书将水作为一个生产要素纳入 CGE 模型框架中，采用水的边际价值作为其均衡价格，使用一个计量经济学模型评估水的边际价值。根据这一计量经济分析，构建了一个多区域、多部门的 CGE 模型，并应用此方法研究分析了三组不同情景下缓解中国华北地区水资源短缺的措施和政策的有效性。从模拟结果中可以得到几个重要的政策启示。

首先，建立用水许可制度并设定地下水使用总量目标，逐步减少地下水的过度开采。因为尽管水资源的过度开采可以在短期内实现经济效益，但同时也会导致严重的生态退化。结果表明，地下水一旦耗尽，伴随而来的供水危机将会导致 GDP、福利和环境的巨大损失。用水许可制度和用水总量控制在中国的政策议程中并不算新鲜，但在本研究区中，当前迫切需要通过严格的用水许可制度减少地下水使用量，以确保取水量维持在一个可持续的水平。

其次，通过工程措施改善供水水平，对缓解中国华北地区缺水具有重要意义。结果表明，建设南水北调工程将对经济发展、居民福利和环境可持续性产生积极的影响。预期的收益可以弥补用于工程建设的财政投入（水利部发展研究中心，2003；秦长海等，2010）。一旦工程建设完成，不仅可以将地下水的使用减少到可再生水平，同时能够促进京津冀地区的经济发展。

再次，在满足国内和环境保护用水需求后，可建立市场机制在生产部门间重新分配用水。结果表明，不同地区和部门的水边际价值不同，将水从低附加值行业向高附加值行业转移能够对宏观经济和家庭福利产生积极的影响，促进从低用水效率到相对较高的用水效率行业部门的经济结构调整。因此，建议依据水的边际价值将水进行重新分配。根据公平与效率原则，建立水市场，允许那些用水效率低（如农业）的部门将水卖给其他具有高用水需求的行业（如服务业）。市场机制应在这个过程中扮演积极的角色。

另外，在接下来进一步研究中需要克服以下不足：本书中使用的 CGE 模型是比较静态的，并未考虑时间的累积效应；同时许多措施和政策不能很快实现。因此需要使用一个动态 CGE 模型，来研究这些措施和政策的长期影响并考虑其积累效应。此外，本书中的模型框架没有包括南水北调的供水区域，因此建议应扩展模型，将供水省份纳入模型框架，从而进一步分析南水北调工程对供水地区的影响。

第7章 中国征收环境税对经济 和污染排放的影响分析

资源相对短缺、环境容量有限已经成为中国国情新的基本特征，而我国经济总量将继续扩大，资源环境压力将持续加大。开征环境税是促进我国节能减排和发展方式转型的有效环境经济手段之一。2011年10月国务院印发《关于加强环境保护重点工作的意见（国发〔2011〕35号）》提出"积极推进环境税费改革，研究开征环境保护税"，为我国环境税的制定和实施提供了契机。

7.1 背 景

受长期计划经济的影响以及政治体制等原因，环境保护政策基本上是建立在政府的直接行政干预和控制基础上的。随着计划经济向市场经济的转变，非公经济主体的发展，单靠法律和行政干预已不能解决环境污染，而是要更多地利用基于市场的经济手段。近年来虽然环境经济手段日益受到重视，国家和地方出台或试点相应的环境经济政策，如生态补偿、排污交易、税收优惠、电价补贴等，但是环境经济政策仍主要是作为政府环境管制的一种辅助手段，还没有形成一个完整的环境经济政策体系，环境经济政策手段的优势在我国的环境保护工作中尚未充分发挥。我国环境保护需要转变以往以直接管制手段占主导地位的管理方式，建立符合市场经济的环境管理制度。

环境税最早是在20世纪20年代由英国经济学家 Arthur C. Pigou 在其外部性研究理论中提出的，Pigou 认为要使环境成本内部化，需要政府采取税收或补贴的形式来对市场进行干预，使私人边际成本与社会边际成本相一致。形成于20世纪60年代末的"污染者付费原则"（the polluter pays principle）为环境税征税对象的确定提供了理论依据。该原则的出发点是商品价格应充分体现生产成本和消耗的资源，利用经济手段将污染防治的资源重新分配以减少污染、合理使用环境资源。Pigou 理论运用边际产值的分析方法提出边际私人净产值和边际社会净产值的概念，认为经济主体的私人成本与社会成本不相等是导致市场配置资源失效的根本原因。并指出政府可通过征税的手段或者补贴矫正经济当事人的私人成本，使经济当事人的私人成本和私人利益与社会成本和社会利益达到一致，从而使环境资源配置达到最佳状态。Pigou 的这种纠正外在性的方法被称为庇古税方案。Pigou 理论指出了对破坏环境的行为征税是政府纠正环境外部性的有效干预手段，政府可以通过征收环境税的方式，促进经济行为的环境负外部性内部化，达到边际私人成本和边际社会成本的一致，有效地减少私人生产污染产品的产量，从而达到有效解决环境问题的目的（梁丽，2010）。限于当时的社会经济环境，Pigou 所论述的环境税并没有在当时作为一种政策实施，它只是一种理想的工具，但是随着资源环境问题的日益凸显，庇古税收原理得到极大的重视和发展，并且在 OECD 一些成员国实践中被广泛应用。

环境税的理论基础是在市场经济机制下，通过税收手段将环境成本内部化，通过价格传导机制调节纳税人的环境行为，参与价格机制，发挥资源配置的作用。现行价格形成机制主要考虑产品的生产成本，没有将环境资源的外部成本内在化，无法激励环境治理和改变生产者、消费者破坏环境的行为，不能真实反映经济增长的资源环境代价。因此，通过建立环境税促进建立可持续发展的环境定价机制，从而实现约束企业行为、促进节能减排的效果。在市场经济体制下，对于环境"外部性"问题，市场无法进行自我矫正，环境保护往往无法靠市场本身来解决。采用税收杠杆针对污染和破坏环境的行为课征环境税，通过增加污染、破坏环境的企业或产品的税收负担，实现以经济利益调节外部性，矫正纳税人的行为，促使其减轻或停止对环境的污染和破坏，从而解决外部性问题。

20 世纪 80 年代以来，我国已经有一些经济学家开始从生态经济综合平衡和国民经济政策调节的角度，提出了环境税的调节机理。王京星（2005）认为环境税收的首要目的是要通过国家公权的介入，对环境资源这一公共产品进行"国家定价"，将环境的成本纳入市场交换价格，计入企业的生产成本，提高了含有污染性质的产品或服务价格，实现对污染和破坏环境行为的调控，达到预防环境污染的作用。环境税的行为激励功能，在生产、流通、消费环节均可实现，通过调节税率、加征和减免税收等手段，促使利用环境资源者改变将环境成本转嫁给社会的传统做法。环境税的激励功能可以引导企业自觉进行绿色生产，消费者自觉进行绿色消费。对有利于保护环境和治理污染的生产经营行为或产品采取税收优惠措施，可以引导和激励纳税人保护环境，从而有助于使环境保护成为微观经济主体的一种自觉行为，达到预防环境污染的目的。

环境税有利于推动污染排放产生的外部负效应内部化，促使经济主体自觉地通过成本效益分析，加强污染治理或者采用更清洁的生产工艺，从而减少污染物的排放。但是征收环境税将会在一定程度上影响生产成本、商品供应与需求，从而对经济增长和居民福利等方面造成一定影响。因此，环境税收政策在具体应用前，需要回答一系列根本的问题：什么是合理的环境税税率水平？环境税会对中国的污染排放造成什么影响？对中国经济造成什么样的总体影响？对中国的产业结构和贸易结构有何影响？等等。

CGE 模型作为经济学领域有效的实证分析工具，能够为回答上述问题提供有力支持，为环境税征收的经济影响和环境影响提供定量分析手段。武亚军和宣晓伟（2002）构建了一个硫税静态 CGE 模型，进行中国硫税政策效果模拟分析。结果表明：征收硫税会给我国 GDP 带来负面效应，但却有利于能源结构和经济结构调整，大大降低二氧化硫的排放。王灿等（2005）利用 CGE 模型研究二氧化碳减排的经济影响，发现碳税会使煤和天然气产量大幅下降，使用和电力行业产量将上升以满足总的能源需求。庞军等（2008）根据"能源—经济—环境"CGE 模型模拟了中国征收燃油税的经济影响。一些学者考察了环境税规制政策的福利分配效应，一般认为各利益群体对于规制的偏好存在差异。假设环境质量是个奢侈品，那么高收入群体比低收入群体对环境质量的改善具有更高的评价（Baumol and Oates，1975）。最大的受损者往往就是那些购买污染企业产品最多的低收入群体，低收入群体实际上是为其偏好较小的政策承担了大部分的外部成本。Robinson（1985）利用 CGE 模型考察了美国治理工业污染的成本分配情况。研究显示，低收入阶层收入的 1.090% 或个人消费支出的 0.510% 被间接用于支付污染的削减成本，而对应的高收入阶层的数据是 0.218% 和 0.423%。因此，Robinson 认为，工业污染治理成本在各收入群体之间具有相当的累退性。Qin 等（2011）利用 GREAT-E 分析了水污染物总量控制目标和排污交易政策的经济影响。Qin 等（2012）将水资源作为一种生产要素纳入 CGE 模型中开发了 GREAT-W，分析了提高水资源费征收标准对中国经济和水资源利用效率的影响。本书利用 GREAT-E 模型分析环境税改革后不同税率水平对宏观经济、污染减排、收入水平、产业结构、贸易结构和要素需求的影响，为制定相关的环境税制度和政策提供决策支持服务。

7.2 数据与方法

7.2.1 中国环境税收 CGE 模型的构建

本书基于 GREAT-E 模型的静态版本建立了中国环境税收 CGE 模型，模型包含了新古典静态 CGE 模型的一般结构（Robinson et al.，1999）。图 7-1 给出了

GREAT-E 模型的基本结构。

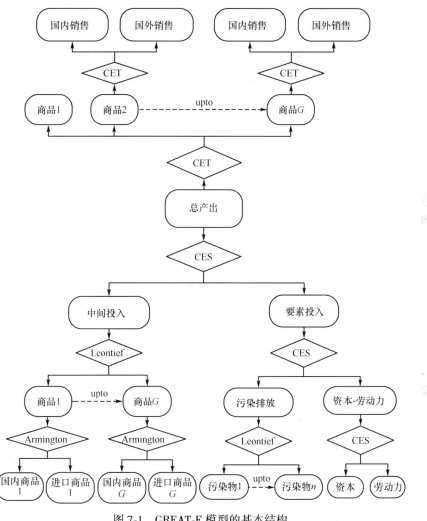

图 7-1　GREAT-E 模型的基本结构

　　模型的基本思想是模拟宏观经济运行中生产引发收入、收入产生需求、需求带动生产的循环过程。在生产的过程中，生产部门不是价格的决策者而是价格的接受者，因此企业（部门）必须在一定的技术条件下，按照成本利润最大化或者既定利润成本最小化的原则来进行生产决策。决策在生产可能性边界约束下，按收入最大化原则确定该部门产出中用于内销和出口的相对份额构成。在规模不变的假设下，各部门的总产出不能由生产者决定，而是由均衡条件决定。即生产者需要进行投入决策，要在该部门总的均衡条件决定的前提下，选择中间投入和要素有效投入水平，使生产成本最小化。模型假定一种商品只能被一个生产者所生产。模型中采用多层嵌套的 CES 函数来描述生产要素之间的不同替代性。在第一层次，最终产出有合成中间投入和合成要素禀赋的组合决定，采用 CES 函数来描述其替代性。在第二层次，合成中间投入采用 Leontief 函数描述为对各部门中间产品的需求；而要素禀赋合成束采用 CES 函数描述污染排放和资本-劳动力合成束的组合。在第三层次，采用 Leontief 函数描述各部门对不同污染物的需求，资本-劳动力合成束则采用 CES 函数描述资本和劳动力之间的组合关系。劳动力、资本可以根据研究的需要做进一步的分解。生产中各种要素间可替代的程度取决于它们的替代弹性和在基准年生产过程中的份额。模型采用 Armington 假设来描述进口商品和国内产品之间的不完全替代关系，通过 CES 函数描述最终消费在最小化成本的原则下，对进口商品和国内产品之间的优化选择。生产者生产出的产品根据收入最大化原则按 CET 函数在出口与国内市场间分配。

由于本书主要模拟对污染排放行为直接征税的环境经济影响，鉴于这种污染税的税基与污染物数量直接相关，因此，可以称其为直接污染税或污染排放税。污染排放税是一种基于刺激的环境税种，是针对排放的各种污染行为的一种税。其征收原则是污染者付费，计税依据是污染物的排放量。这种以促进建立有利于环境行为或直接限制污染排放为宗旨的环境税，应该说是最符合环境税的理论原理。设计基于刺激的环境税，关键是要把税基直接建立在污染者排放的污染物数量上，而且其税率应高到能够产生一种刺激作用，促进污染者采取措施削减污染物的排放量。因此，在模型设计时，模型引入污染物排放的物理量作为这种要素的数量，其价格就是真实征收的环境税税率，由于我国目前采取征收排污费的方式，尚未开征环境税，在基准情景中污染排放的价格就是排污费的征收标准。

7.2.2 环境社会核算矩阵

要利用 CGE 模型开展政策模拟，就需要有高质量的数据集作支撑，数据问题在求解 CGE 模型过程中发挥着举足轻重的作用。一般均衡模型全面反映了社会经济各个主体间的经济行为和经济联系，因此在模型中变量初始值的确定、方程中参数的标定，必然涉及社会经济体中各方面大量的数据，这些数据反映国民生产总值核算、投入产出核算、资金流量核算、资产负债核算和国际收支核算五项内容。SAM 是一定时期内（通常是一年）对一国（或者一个地区）经济的全面描述。SAM 把投入产出表和国民经济核算表结合在一起，整合到一张表上，全面描述了整个经济的图景，它反映了经济系统一般均衡的基本特点，为 CGE 模型提供了必要而完备的数据基础。

由于我国缺乏官方发布的 SAM 表，同时，传统 SAM 表没有包含污染排放账户。因此，本书以国民经济投入产出表为主要数据来源，通过增加非生产性机构账户（如居民、政府、国外等）构建 SAM。然后，通过单列环境污染排放要素账户，设计并编制能够反映污染排放与经济部门之间全面数量关系 ESAM，从而将环境系统和经济系统统一在一个框架下。本书利用 2007 年中国 135 个部门投入产出表将国民经济合并为 16 个行业部门，部门列表见表 7-1。

表7-1 行业部门分类

代码	行业名称	代码	行业名称
CCF	种植业	NME	非金属矿物制造业
LSF	养殖业	MET	金属制品业
MIN	采掘业	MAC	机械设备制造业
FOO	食品产业	CCC	电子通信及仪器仪表业
TEX	纺织服装业	OHM	其他制造业
PPP	木材加工及造纸印刷业	ELE	电力、热力、燃气与水的生产和供应业
PET	石油加工及炼焦	CON	建筑业
CHM	化学工业	SER	服务业

生产活动、商品、出口和进口账户数据来源于 2007 年中国投入产出表，政府收入和支出数据来源于《中国财政年鉴 2008》（财政部，2008b），税收数据来源于《中国税务年鉴 2008》（国家税务总局，2008），家庭储蓄和政府储蓄数据来源于《中国统计年鉴 2008》的资金流量表（国家统计局，2008）。化学需氧量、氨氮、二氧化硫和氮氧化物的排放量及排污收费数据来源于《中国环境统计年报 2007》（环境保护部，2008a）。本书编制包含排污费收入的中国 2007 年 SAM 简表见表 7-2。

表 7-2　嵌入排污费收入的中国 2007 年 SAM 简表

（单位：亿元）

账户	活动	商品	劳动力	资本	化学需氧量	氨氮	二氧化硫	氮氧化物	农村居民	城镇居民	企业	政府	国外	投资	总计
活动		818 859													818 859
商品	552 815								24 317	72 235		35 191	95 541	112 780	892 880
劳动力	110 047														110 047
资本	117 478														117 478
化学需氧量	103														103
氨氮	8														8
二氧化硫	170														170
氮氧化物	113														113
农村居民			28 652								12 023		775		41 451
城镇居民			81 395								44 179	5447	2940		133 962
企业				117 478								2061	1606		121 144
政府	38 124	1 433			103	8	170	113		13 998	16 643				70 592
国外		72 588													72 588
储蓄									17 133	47 729	48 298	27 894	−28 274		112 780
总计	818 859	892 880	110 047	117 478	103	8	170	113	41 451	133 962	121 144	70 592	72 588	112 780	—

7.3 计税依据与情景设置

7.3.1 计税依据

污染排放税税率在实际治理成本、环境损害成本和企业税负水平因素综合考虑的基础上确定。

（1）实际治理成本。污染治理成本法认为如果所有污染物都得到治理，则环境退化不会发生，因此已经发生的环境退化经济价值应为治理所有污染物所需的成本。污染排放税根据实际污染治理成本确定税率水平，对污染物排放行为而言，其应纳的污染排放税相当于企业为治理污染采取技术措施的预期边际成本。为了充分体现激励企业改进生产工艺和进行末端治理的目标，税率水平应达到或超过企业污染治理成本的水平。

（2）环境损害成本。环境污染损害法是指基于损害的环境价值评估方法。这种方法借助一定的技术手段和污染损失调查，计算环境污染所带来的种种损害，如对农产品产量和人体健康等的影响，采用一定的定价技术，进行污染经济损失评估。目前定价方法主要有人力资本法、旅行费用法、支付意愿法等。最优税率理论认为，污染排放税的应纳税额应等于消除环境负外部性所造成的成本，即对单位污染所征的税等于污染所造成的边际社会损失。但实践中很难准确测算环境负外部性所造成的成本，环境保护部门测算的环境退化成本可作为负外部性成本的参考。环境损害成本可以作为污染排放税的最高税率。

（3）企业税负水平。税负水平是环境保护税调节作用的决定性因素，不同的税率水平会使纳税人作出减产减排、改进生产工艺、安装末端治理设备或缴纳污染排放税等不同选择。确定环境保护税的税负水平需兼顾考虑国家宏观经济形势与环境保护税的微观经济效应等因素。具体来看，需要满足几个方面的要求：一是税率水平应满足激励企业污染治理的要求。只有这样，才能改变企业宁缴污染排放税，也不愿治理的状况。二是税率水平应考虑我国企业的负担能力。从实现企业和社会协调、持续发展角度看，污染排放税开征初期税率不宜过高，应当在企业可承受的负担范围内确定税额标准。三是税率应实行适时调整制度。税率水平应根据环境治理及社会经济发展、行业结构调整等因素进行定期测算调整。

7.3.2 情景设置

考虑到上述因素，对于应税污染物，可以在综合考虑现行排污收费标准的前提下，以企业平均实际治理成本作为税额幅度的下限，将环境损害成本作为税额幅度的上限。目前，根据《排污费征收标准管理办法》，废气排污费每污染当量为 0.6 元，污水排污费每污染当量为 0.7 元，是按照当时污染治理成本的一半制定的。根据 2007 年国务院发布的《国务院关于印发节能减排综合性工作方案的通知》（国发〔2007〕15 号）的有关规定，即"按照补偿治理成本原则，提高排污单位排污费征收标准，将二氧化硫排污费由目前的 0.63 元/kg 分三年提高到1.26 元/kg；各地根据实际情况提高化学需氧量排放标准，国务院有关部门批准后实施，"结合本地环境管理需要，有关省（自治区、直辖市）已提高了排污费征收标准。据统计，目前已有 12 个省（自治区、直辖市）将二氧化硫排污费征收标准提高至每污染当量 1.2 元，已有 7 个省（自治区、直辖市）将化学需氧量排污费征收标准提高为每污染当量 0.9~1.4 元。另外，据环境保护部和国家统计局的有关数据测算，二氧化硫和废水的环境退化成本分别为 4.6 元/kg 和 4.7 元/t。

我国现行排污费标准低于污染治理成本和污染损害成本。根据现行的排污费标准，化学需氧量、氨氮、二氧化硫和氮氧化物的征收标准分别只有 0.7 元/kg、0.875 元/kg、0.63 元/kg 和 0.63 元/kg。无论继续执行现行的排污收费政策还是将来出台环境税，我国都面临提高征收标准的现实选择。根据上面的测算结果，如果环境税税率按照污染治理成本，现行排污费征收标准至少需要提高 2 倍，而按照环境损害成本估算则需要提高大约 8 倍。因此，为了评估征收环境税对中国经济和污染减排的影响，本书设置 1 个基准情景和 4 个模拟情景进行分析。基准情景假设环境税征收税率平移目前的排污收费标准，政策模拟情景假设环境税征收标准相比现有排污收费标准分别提高 2 倍、4 倍、6 倍和 8 倍，具体征收标准见表 7-3。

表7-3 税率情景设置　　　　　　　　　（单位：元/kg）

项目	基准情景	情景1	情景2	情景3	情景4
化学需氧量	0.7	1.4	2.8	4.2	5.6
氨氮	0.875	1.75	3.5	5.25	7.0
二氧化硫	0.63	1.26	2.52	3.78	5.04
氮氧化物	0.63	1.26	2.52	3.78	5.04

7.4 模拟结果与讨论

7.4.1 环境税收入规模测算

表7-4 给出了各情景下我国对不同污染物征收环境税的收入测算情况（假定

征收率为100%）。当环境税税率相比排污费征收标准提高2倍、4倍、6倍和8倍时，环境税总收入分别到达789亿元、1578亿元、2367亿元和3156亿元。二氧化硫贡献了最大比例的环境税收入，其后依次是氮氧化物、化学需氧量和氨氮。具体的环境税收入总额取决于环境税的征收率。

表7-4　不同情景下的环境税收入测算　　　（单位：亿元）

项目	情景1	情景2	情景3	情景4
化学需氧量	206	413	619	825
氨氮	16	32	49	65
二氧化硫	341	681	1022	1362
氮氧化物	226	452	678	904
总计	789	1578	2367	3156

7.4.2　对主要宏观经济指标的影响分析

1. 对GDP的影响分析

征收环境税对实际GDP的影响非常小。从图7-2给出的模拟结果来看，在环境税征收标准提高2倍、4倍、6倍和8倍的情况下，实际GDP仅分别下降0.018%、0.055%、0.092%和0.128%。征收环境税一定程度上推高了生产成本，特别是随着税率的快速增长，对GDP会产生越来越明显的影响，但总体上即使征收高税率环境税，仍然只对经济规模产生微弱的影响。

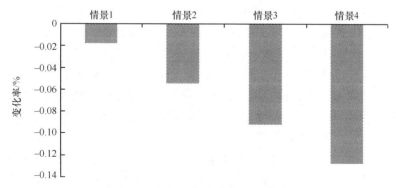

图7-2　征收环境税对GDP的影响

2. 对CPI的影响分析

虽然征收环境税对GDP的影响比较小，但对消费物价指数（CPI）的影响较为明显。从图 7-3 给出的模拟结果来看，在环境税征收标准提高 2 倍、4 倍、6 倍和 8 倍的情况下，CPI 分别上涨 0.032%、0.095%、0.16% 和 0.22%。这表明较高税率环境税的征收对 CPI 的推涨作用明显，这主要是因为高税率的环境税征收会增加企业生产成本，进而推动商品和服务价格上涨。因此，政府在推进环境税改革时，应关注环境税对生产成本的影响。可以考虑在税收中性原则下从增值税等生产环境税收入手减轻企业负担，从而谋取环境效益和经济效益的双重红利。

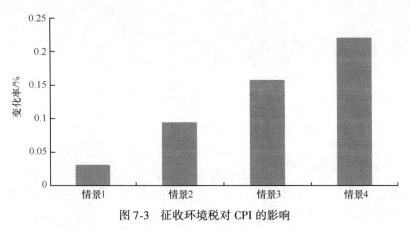

图 7-3　征收环境税对 CPI 的影响

3. 对收入分配的影响分析

征收环境税会减少居民可支配收入，但能显著增加政府收入。从图 7-4 给出的模拟结果来看，在环境税征收标准提高 2 倍、4 倍、6 倍和 8 倍的情况下，居民总收入分别下降 0.326%、0.97%、1.601% 和 2.221%。其中农村居民总收入下降 0.359%、1.068%、1.764% 和 2.447%，城镇居民总收入下降 0.317%、0.942%、1.556% 和 2.158%。过高的环境税征收标准会影响居民的收入，而且对农村居民的影响高于城镇居民，表明环境税的征收对相对弱势的群体影响更为明显。这主要是因为环境税推高了消费品价格，弱势群体对物价上涨的承受能力更弱。从图 7-4 给出的模拟结果来看，在环境税征收标准提高 2 倍、4 倍、6 倍和 8 倍的情况下，政府总收入分别增加 0.714%、2.119%、3.494% 和 4.841%。政府收入的增加使得政府有财力通过降低增值税、减免所得税或者为弱势群体提供补贴来减少环境税征收给居民福利带来的负面影响。

4. 对要素价格的影响

由于征收环境税会降低要素需求价格。从图 7-5 给出的模拟结果来看，在环境

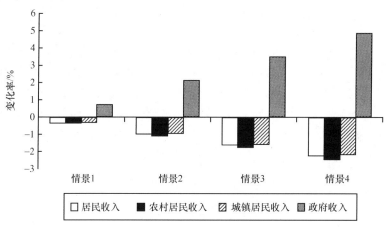

图 7-4　征收环境税对收入分配的影响

税征收标准提高 2 倍、4 倍、6 倍和 8 倍的情况下，工资水平分别下降 0.206%、0.612%、1.01% 和 1.402%，而资本租金则分别下降 0.142%、0.423%、0.698% 和 0.967%。这主要是因为征收环境税增加了企业的生产成本，抑制了企业生产规模特别是重污染行业的生产规模扩张，从而降低了对要素的需求，导致要素价格的下降。这些重污染行业往往是劳动力和资本等要素需求比较大的行业，政府可以通过出台相应的鼓励措施加快高端制造业、新兴服务业等行业的发展，吸收高污染行业释放出的资本和劳动力等要素资源，进而降低环境税的负面影响，同时推动经济发展方式的改变。

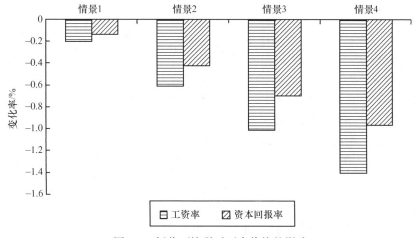

图 7-5　征收环境税对要素价格的影响

5. 对进出口规模的影响

征收环境税会导致进出口总量的下降。环境税的征收推高产品销售价格，从而影响产品的出口竞争力。从图 7-6 给出的模拟结果来看，在环境税提高到现行排污费征收标准的 2 倍、4 倍、6 倍和 8 倍时，总出口会面临 0.056%、0.165%、0.272% 和 0.376% 的下降。由于国内需求的下降，总进口也会出现一定幅度的下降。从图 7-6 给出的模拟结果来看，在环境税提高到现行排污费征收标准的 2 倍、4 倍、6 倍和 8 倍时，总进口会下降 0.073%、0.217%、0.358% 和 0.495%，高于总出口的下降幅度。这说明征收环境税不会降低我国经济的相对竞争力。

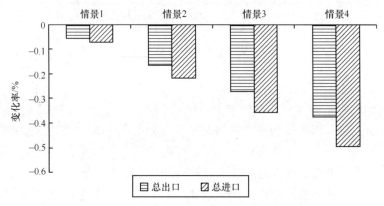

图 7-6 征收环境税对进出口规模的影响

7.4.3 对污染减排的影响分析

相对 GDP 的轻微下降幅度来讲，征收环境税对减少污染物排放的作用较为明显。在环境税征收标准提高 8 倍的情况下，化学需氧量、氨氮、二氧化硫和氮氧化物的总排放量分别减少 0.5%、0.2%、1.9% 和 1.7%。总体来看，征收环境税对大气污染物的减排作用大于水污染物。这主要是因为大气污染物的排放量大于水污染物的排放量，较高的大气污染环境税征收抑制大气污染排放强度高的行业发展的同时，促进了大气污染排放强度低的行业发展。而一些大气污染排放强度低的行业可能排放较大强度的水污染物，这会对水污染物的减排产生抵消作用。

7.4.4 行业影响分析

1. 对行业生产结构的影响分析

表 7-5 列出了我国征收环境税时各行业产出水平和产出价格的变化百分比。

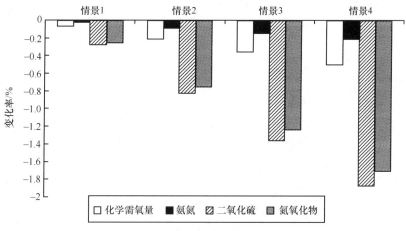

图 7-7　征收环境税对污染减排的影响

就产出水平而言，征收环境税会抑制污染排放强度的大的行业，而且税率越高，抑制作用越明显；对于污染强度较小的行业，征收环境税反而会促进其发展。产出水平下降幅度最大的行业是电力行业，其次是养殖业、采掘业、食品业和化学产业。从价格水平变化情况来看，价格增加较大的行业往往也是产出水平下降较大的行业。电子信息、服务业是产出水平增长较大的行业，这主要是因为一些高污染行业的生产受到抑制后，资本和劳动力被转移到了这些相对清洁的产业。对于种植业，尽管并不征收环境税，但由于产业关联度较为密切的养殖业、食品业和纺织服装等行业产出水平的下降降低了对其产品的需求，其产出水平也出现了较大幅度的下降。

表 7-5　不同税率设置对行业生产的影响模拟结果　　　（单位:%）

行业名称	情景 1		情景 2		情景 3		情景 4	
	产出	价格	产出	价格	产出	价格	产出	价格
种植业	-0.155	-0.129	-0.464	-0.383	-0.769	-0.634	-1.070	-0.880
养殖业	-0.250	0.072	-0.743	0.216	-1.228	0.359	-1.706	0.502
采掘业	-0.243	0.017	-0.720	0.050	-1.188	0.082	-1.646	0.113
食品业	-0.236	-0.015	-0.701	-0.044	-1.160	-0.072	-1.612	-0.099
纺织服装	-0.198	-0.014	-0.593	-0.041	-0.986	-0.066	-1.377	-0.091
造纸印刷	-0.227	0.105	-0.674	0.313	-1.112	0.517	-1.543	0.719
石油冶炼	-0.176	0.043	-0.524	0.127	-0.865	0.210	-1.200	0.291
化学工业	-0.229	0.086	-0.681	0.257	-1.125	0.424	-1.560	0.588

行业名称	情景1		情景2		情景3		情景4	
	产出	价格	产出	价格	产出	价格	产出	价格
非金属制品	-0.140	0.142	-0.417	0.424	-0.688	0.701	-0.953	0.973
金属冶炼	-0.157	0.081	-0.466	0.239	-0.769	0.396	-1.066	0.549
设备制造	-0.079	0.008	-0.233	0.025	-0.386	0.041	-0.535	0.056
电子信息	0.141	-0.039	0.420	-0.115	0.695	-0.190	0.966	-0.263
其他工业	-0.121	-0.055	-0.360	-0.165	-0.595	-0.272	-0.826	-0.377
电力	-0.734	0.605	-2.161	1.801	-3.538	2.978	-4.867	4.138
建筑业	-0.006	0.021	-0.019	0.063	-0.032	0.104	-0.044	0.145
服务业	0.059	-0.036	0.174	-0.106	0.285	-0.174	0.393	-0.240

2. 对进出口贸易结构的影响分析

征收环境税会抑制重污染产品出口，提升清洁行业的出口竞争力，降低贸易顺差对我国环境的影响。表7-6列出了我国征收环境税时各行业进出口相比征税之前的变化百分比。养殖业、采掘业、造纸印刷业、石油冶炼、化学工业、非金属制品业、金属冶炼等重污染行业的出口下降明显，而且税率越高，出口下降幅度越大。而电子信息和服务业出口增加明显，在环境税提高到现行排污费征收标准的8倍时，其增长幅度分别达到2.1%和1.4%。由于环境税的征收改变了国内生产结构和需求结构，国内商品供应和需求结构的变化进而导致进口商品结构也产生了相应的变化。

表7-6 不同税率设置对进出口的影响模拟结果 （单位:%）

行业名称	情景1		情景2		情景3		情景4	
	出口	进口	出口	进口	出口	进口	出口	进口
种植业	0.378	-0.368	1.127	-1.093	1.868	-1.804	2.600	-2.501
养殖业	-0.520	-0.128	-1.547	-0.379	-2.557	-0.625	-3.550	-0.865
采掘业	-0.293	-0.218	-0.868	-0.647	-1.432	-1.066	-1.984	-1.478
食品业	-0.159	-0.264	-0.478	-0.785	-0.797	-1.296	-1.116	-1.797
纺织服装	-0.125	-0.249	-0.381	-0.741	-0.644	-1.225	-0.912	-1.701
造纸印刷	-0.628	0.065	-1.858	0.194	-3.055	0.321	-4.222	0.446
石油冶炼	-0.329	-0.119	-0.978	-0.353	-1.614	-0.583	-2.237	-0.809

行业名称	情景1		情景2		情景3		情景4	
	出口	进口	出口	进口	出口	进口	出口	进口
化学工业	−0.556	−0.107	−1.645	−0.318	−2.706	−0.525	−3.740	−0.730
非金属制品	−0.690	0.028	−2.039	0.083	−3.347	0.138	−4.615	0.192
金属冶炼	−0.461	−0.055	−1.364	−0.163	−2.245	−0.269	−3.104	−0.373
设备制造	−0.095	−0.068	−0.282	−0.203	−0.468	−0.334	−0.652	−0.462
电子信息	0.313	0.047	0.933	0.139	1.543	0.232	2.146	0.323
其他工业	0.118	−0.194	0.350	−0.575	0.574	−0.949	0.791	−1.314
电力	−3.082	−0.006	−8.856	−0.023	−14.15	−0.046	−19.02	−0.075
建筑业	−0.074	0.014	−0.222	0.043	−0.368	0.071	−0.513	0.099
服务业	0.219	0.006	0.648	0.017	1.065	0.027	1.472	0.037

3. 对要素需求结构的影响分析

总体来看，征收环境税将促进劳动力和资本等要素从高污染行业向低污染行业转移。表7-7列出了我国征收环境税时各行业劳动力投入及资本投入相比征税之前的变化百分比。电力、养殖业、造纸印刷业、食品产业是要素投入下降最大的四个行业，而电子信息、设备制造、服务业等行业的要素投入则增加明显。主要是因为这些行业污染强度低，可以吸纳重污染行业释放出的劳动力和资本加快自身发展。

表7-7 不同税率设置对要素需求的影响模拟结果 （单位:%）

行业名称	情景1		情景2		情景3		情景4	
	劳动力	资本	劳动力	资本	劳动力	资本	劳动力	资本
种植业	−0.097	−0.129	−0.291	−0.386	−0.483	−0.640	−0.674	−0.893
养殖业	−0.195	−0.227	−0.581	−0.675	−0.962	−1.118	−1.337	−1.554
采掘业	−0.128	−0.160	−0.382	−0.476	−0.630	−0.787	−0.873	−1.092
食品业	−0.150	−0.161	−0.447	−0.479	−0.740	−0.794	−1.030	−1.104
纺织服装	−0.073	−0.096	−0.223	−0.290	−0.377	−0.487	−0.535	−0.688
造纸印刷	−0.175	−0.200	−0.517	−0.593	−0.852	−0.978	−1.180	−1.354
石油冶炼	−0.061	−0.089	−0.180	−0.266	−0.297	−0.439	−0.411	−0.609
化学工业	−0.125	−0.157	−0.371	−0.466	−0.612	−0.768	−0.847	−1.066
非金属制品	−0.034	−0.063	−0.100	−0.185	−0.162	−0.304	−0.221	−0.419

续表

行业名称	情景 1		情景 2		情景 3		情景 4	
	劳动力	资本	劳动力	资本	劳动力	资本	劳动力	资本
金属冶炼	−0.048	−0.079	−0.141	−0.236	−0.231	−0.388	−0.318	−0.537
设备制造	0.037	0.015	0.111	0.045	0.184	0.073	0.255	0.101
电子信息	0.340	0.314	1.013	0.937	1.680	1.552	2.339	2.159
其他工业	−0.002	−0.033	−0.005	−0.100	−0.009	−0.166	−0.012	−0.232
电力	−0.514	−0.545	−1.516	−1.609	−2.485	−2.639	−3.424	−3.637
建筑业	0.124	0.093	0.371	0.276	0.615	0.456	0.856	0.634
服务业	0.146	0.114	0.433	0.337	0.714	0.556	0.991	0.769

7.5　主要结论与建议

本书利用 GREAT-E 模型分析环境税改革后不同税率水平对宏观经济、污染减排、收入水平、产业结构、贸易结构和要素需求的影响。模拟结果表明，征收环境税对中国宏观经济的影响非常有限，GDP 的下降在可承受的范围之内。相对而言，征收环境税对污染物的减排作用远大于对经济发展的抑制作用。较高税率的环境税能够较大幅度地减少污染物的排放。征收环境税在增加政府收入的同时会对居民福利产生一定的负面影响。但是考虑到污染减排能够带来环境质量的改善，进而产生正面的居民福利效应和社会效应，环境税征收产生的社会负面影响实际上要小于模拟结果。

征收环境税会对不同的行业产生不同的影响，重污染行业受到抑制，而清洁产业反而加快发展。这主要是因为重污染行业因为成本的增加，减少了生产规模，释放出的资本和劳动力等要素资源被转移到了清洁产业，从而促进了这些产业的发展。

为了促进环境成本内部化，建议提高污染税（费）标准。由于现有排污收费标准偏低，远低于污染治理成本，很多企业宁愿缴纳排污费也不愿意治理污染。因此未来开征环境税应降税率应至少与治理成本相当，促进污染者减少污染排放。在环境税开征之前，则可以通过提高现有排污收费标准，达到提高排污成本，促进环境成本内部化的目标。同时，建议政府通过减免所得税或者向弱势群体提供补贴等方式减少环境税征收的负面影响。

由于本书假定环境税的征收率为 100%，根据现有排污费的征缴率来看，难以到达，因此征收环境税的实际影响会小于本书的测算结果，具体的影响程度取决于今后环境税改革后的征缴力度，今后的研究也可以就征缴率设定相应的情景来测算政府环境税管理力度的环境经济影响。

第8章 中国征收碳税对宏观经济和行业竞争力的影响分析

温室气体的减排是当前国际社会普遍关注的热点环境问题。为此，国际社会提出了多种政策工具和合作机制推进全球温室气体的减排。征收碳税被认为是减少碳排放最具市场效率的经济手段，对能源节约和环境保护具有积极的作用。同时，其政策实施的可操作性较好，并且在一些国家已取得实践经验。我国在制定节能减排和应对气候变化的政策措施时，应将碳税政策作为一个重要的选择加以考虑，建立适宜的国家碳税政策和必要的调整措施，努力消除其对经济的不利影响，从而有效地利用碳税这一经济手段，促进我国节能减排和对温室气体排放的控制，并在国际谈判中争取更大的主动权。

8.1 背 景

根据"巴厘岛路线图"达成的协议，2012年后在要求发达国家承担可测量、可报告、可核实的减排义务的同时，也要求发展中国家采取可测量、可报告、可核实的适当减排温室气体行动。这是在国际社会关于全球气候变化的政策文件中首次明确要求发展中国家采取可测量、可报告、可核实的减排行动。2000~2010年，中国能源消费同比增长120%，占全球比重由9.1%提高到约20%；二氧化碳排放占比由12.9%提高到约23%，人均二氧化碳排放量目前已经超过世界平均水平。中国是《联合国气候变化框架公约》的签约国，作为二氧化碳排放第一大国，限排和减排的压力与日俱增。面对国际压力和维护负责任的大国形象，我国必须在温室气体减排方面加强研究，制定相应对策和政策。

不仅如此，我国社会经济发展处于资源、环境约束最为严重的时期，面临着巨大的节能减排压力。在这种国内和国际双重压力的环境下，迫切需要我国政府在政策制定方面有所创新和突破，充分利用节能减排与温室气体减排之间的协同作用关系，立足于我国社会经济发展阶段，考虑减排政策可能对社会经济、国际贸易、技术转让等产生的影响，制定出适宜的国家温室气体减排政策，以在国际谈判中争取更大的主动权。中国政府高度重视气候变化问题，提出了到2020年单位GDP二氧化碳排放比2005年下降40%~45%的目标。"十二五"规划中，应对气候变化作为重要内容正式纳入国民经济和社会发展中长期规划，规划将单位GDP能源消耗强度和二氧化碳排放强度分别降低 16% 和 17% 作为约束性指标。开征碳税，有利于我国实现上述减排目标和承诺，充分表明我国在应对气候变化、致力于碳减排方面的行动和决心，有利于树立负责任大国形象。

运用环境经济手段已经成为国际上控制温室气体排放的最主要政策，尤其是碳税的运用已成为发达国家提高能源效率和减排二氧化碳的重要手段。碳税是指针对二氧化碳排放所征收的税。它以环境保护为目的，希望通过削减二氧化碳排放来减缓全球变暖。碳税通过对燃煤、汽油、航空燃油、天然气等化石燃料产品，按其碳含量或碳排放量征税来实现减少化石燃料消耗和二氧化碳排放。在英国、丹麦、荷兰、瑞典等国家，碳税已作为一种促进企业节能减排的有效性鼓励措施。发达国家碳税的成功实践，在为国际应对气候变化提供可借鉴经验的同时，客观上也对我国碳税的实施施加了压力。欧美国家不断提出开征碳关税，利用碳税差异制造关税绿色贸易壁垒，将对我国产品的国际竞争力产生不利影响。我国适时开征碳税有利于取得主动权，使欧美国家对我国征收碳关税失去合理性，避免双重征税，维护我国对外贸易，提升产业竞争力。同时，开征碳税有利于加快转变经济发展方式。有利于加快淘汰"两高一资"产业、促进企业提高能效、改进技术和污染减排，引导低碳技术投资和研发使用，实现企业转型升级和经济结构调整。并且，开征碳税有利于改善能源结构，推动清洁能源和新能源产业发展。

开征碳税可以促进企业节能、减少二氧化碳排放和鼓励可再生能源的发展，但是碳税的征收会增加企业负担，对我国经济竞争力产生影响。为了分析开展碳税对经济竞争力和温室气体减排的影响，本章基于 GREAT-E 模型建立了中国碳税征收影响分析 CGE 模型，系统模拟开展碳税对宏观经济、居民福利、二氧化碳排放及对生产、消费和贸易结构的全方位影响，为我国的碳税税率设置和征收路径提供科学依据。

8.2　数据与方法

8.2.1　中国碳税 CGE 模型构建

本书基于 GREAT-E 模型的静态版本建立了中国碳税 CGE 模型，模型包含了新古典静态 CGE 模型的一般结构（Robinson et al.，1999）。模型的结构在前面的章节已经作了详细的介绍，本章只给出模型生产结构中引入碳排放的处理方式。模型假定一种商品只能被一个生产者所生产。模型中采用多层嵌套的 CES 函数来描述生产要素之间的不同替代性。在第一层，最终产出有合成中间投入和合成要素禀赋的组合决定，采用 CES 函数来描述其替代性。在第二层，合成中间投入采用 Leontief 函数描述为对各部门中间产品的需求；而要素禀赋合成束采用

CES 函数描述二氧化碳排放和资本-劳动力合成束的组合。生产中各种要素间可替代的程度取决于它们的替代弹性和在基准年生产过程中的份额。在模型设计时，模型引入碳排放的物理量作为这种要素的数量，其价格就是拟开展的碳税税率。图 8-1 给出了 GREAT-E 模型的基本结构。

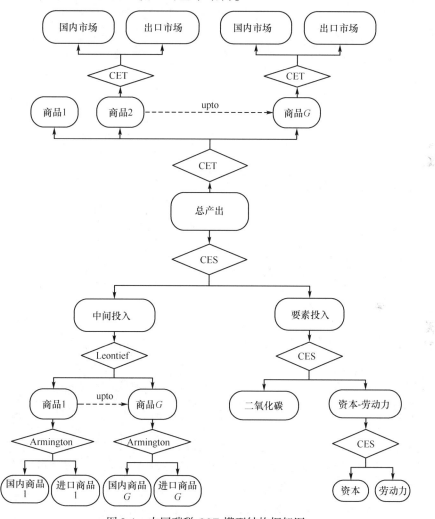

图 8-1　中国碳税 CGE 模型结构框架图

8.2.2　中国 2010 年社会核算矩阵编制

本书根据国民经济统计数据、投入产出表、收入分配数据等各种来源的数据构建了中国 2010 年 SAM。SAM 中包含 1 个农业部门、30 个工业部门和 1 个建筑业部门、16 个服务业部门共 48 个生产部门。具体的部门分类列表见表 8-1。

表 8-1 生产部门划分

编号	行业名称	编号	行业名称
1	农林牧渔业	25	电气机械及器材制造业
2	煤炭开采和洗选业	26	通信、计算机及其他电子设备制造业
3	石油和天然气开采业	27	仪器仪表及文化、办公用机械制造业
4	黑色金属矿采选业	28	工艺品制造业及废物利用
5	有色金属矿采选业	29	电力、热力的生产与供应业
6	非金属矿采选业和其他采矿业	30	燃气生产和供应业
7	食品及饮料行业	31	水的生产和供应业
8	烟草制品业	32	建筑业
9	纺织业	33	交通运输及仓储业
10	服装鞋帽制造业	34	邮政业
11	皮革毛皮羽绒及其制品业	35	信息传输、计算机服务和软件业
12	木材及家具制品业	36	批发和零售业
13	造纸及印刷业	37	住宿和餐饮业
14	文教体育用品制造业	38	金融业
15	石油加工炼焦及核燃料加工业	39	房地产业
16	化学原料及化学制品制造业	40	租赁和商务服务业
17	橡胶和塑料制品业	41	研究与试验发展业
18	非金属矿物制品业	42	综合技术服务业
19	黑色金属冶炼及压延加工业	43	水利、环境和公共设施管理业
20	有色金属冶炼及压延加工业	44	居民服务和其他服务业
21	金属制品业	45	教育
22	通用设备制造业	46	卫生、社会保障和社会福利业
23	专用设备制造业	47	文化、体育和娱乐业
24	交通运输设备制造业	48	公共管理和社会组织

生产活动、商品、出口和进口账户数据来源于 2010 年中国投入产出延长表和 2010 年国际收支平衡表，政府收入和支出数据来源于《中国财政年鉴 2011》（财政部，2011），税收数据来源于《中国税务年鉴 2011》（国家税务总局，2011），家庭储蓄和政府储蓄数据来源于《中国统计年鉴 2011》（国家统计局，2011a）。二氧化碳排放量数据根据各行业消费能源的二氧化碳排放系数核定，能源消费数据来源于《中国能源统计年鉴 2011》（国家统计局，2011b）。为了将碳排放机制引入 CGE 模型，在基准情景中假设征收非常小税率的碳税（0.1 元/t）。本书编制包含碳税收入的中国 2010 年 SAM 简表见表 8-2。

表 8-2 中国 2010 年 SAM 简表

（单位：亿元）

账户分类		活动账户			商品账户			要素账户		机构账户						投资账户	合计
		农业	工业	服务业	农业	工业	服务业	劳动力	资本	农村居民	城镇居民	企业	碳税	政府	国外	账户	
活动账户	农业				67 053												67 053
	工业					879 635											879 635
	服务业						303 268										303 268
商品账户	农业	9 220	40 460	4 233						5 742	6 428			498	845	3 731	71 156
	工业	15 087	550 427	72 384						14 054	48 940			0	93 940	174 787	969 619
	服务业	4 479	91 732	61 125						12 779	56 772			51 474	17 126	15 086	310 572
要素账户	劳动力	36 406	76 686	75 011													188 103
	资本	1 787	79 722	70 892													152 400
机构账户	农村居民							47 026				12 892		1 192	1 134		62 244
	城镇居民							141 078				38 676		6 733	3 403		189 890
	企业								152 400					3 880	1 232		157 512
	碳税 *	0.08	8.09	0.63													8.8
	政府	74	40 602	19 623						290	4 547	17 697	8.8				82 842
	国外				4 103	89 983	7 304										101 390
储蓄账户										29 378	73 203	88 247		19 065	−16 290		193 604
合计		67 053	879 635	303 268	71 156	969 619	310 572	188 103	152 400	62 244	189 890	157 512	8.8	82 842	101 390	193 604	

* 为了在模型中引入碳税，我们假定基准情景中征收非常小费率的碳税（0.1 元/t）。

157

8.2.3 二氧化碳排放量核算方法

首先，我们对二氧化碳排放量的测算方法进行简要阐述。温室气体的主要成分就是二氧化碳，而二氧化碳的大量排放来源于现代人类的生产生活，归根到底是大量使用各种化石能源（煤炭、石油、天然气）造成的结果。为了方便计算各类能源燃烧所排放的二氧化碳量，《2006 年 IPCC 国家温室气体清单指南》对于各类能源二氧化碳排放做了具体介绍。《2006 年 IPCC 国家温室气体清单指南》指出，化石能源在消费时所排放二氧化碳量的计算公式为

$$二氧化碳排放量=化石燃料消耗量×二氧化碳排放系数 \quad (8-1)$$
$$二氧化碳排放系数=低位发热量×碳排放因子×碳氧化率×碳转换系数 \quad (8-2)$$

在《2006 年 IPCC 国家温室气体清单指南》的第二章中，给出了不同类型化石燃料的低位发热量、碳排放因子以及碳氧化率等参考数值。通过将实际化石燃料消耗量代入到式（8-1）和式（8-2）中，我们便可以得出二氧化碳实际的排放量。但是由于各国使用的能源材质不同，化石燃料的低位发热量、碳氧化率等系数也会由此而不同。所以，为了进行科学准确的核算，本书采用我国《省级温室气体清单编制指南》（发改办气候［2011］1041 号）所制定的二氧化碳的氧化率、碳排放因子（吨碳/TJ）及我国《综合能耗计算通则》（GB/T 2589—2008）所制定的平均低位发热量（其中，碳转化系数为固定值，即二氧化碳分子量/碳分子量=3.667），计算出符合我国实际的各类化石能源消费的二氧化碳排放系数，具体二氧化碳排放系数见表8-3。

表8-3 各类能源二氧化碳排放参考系数

能源	平均低位发热量	碳排放因子	碳氧化率	二氧化碳排放系数
原煤	20 908 kJ/kg	26.37	0.94	1.900 3 kg CO_2/kg
焦炭	28 435 kJ/kg	29.5	0.93	2.860 4 kg CO_2/kg
原油	41 816 kJ/kg	20.1	0.98	3.020 2 kg CO_2/kg
燃料油	41 816 kJ/kg	21.1	0.98	3.170 5 kg CO_2/kg
汽油	43 070 kJ/kg	18.9	0.98	2.925 1 kg CO_2/kg
煤油	43 070 kJ/kg	19.5	0.98	3.017 9 kg CO_2/kg
柴油	42 652 kJ/kg	20.2	0.98	3.095 9 kg CO_2/kg
液化石油气	50 179 kJ/kg	17.2	0.98	3.101 3 kg CO_2/kg
炼厂干气	46 055 kJ/kg	18.2	0.98	3.011 9 kg CO_2/kg
油田天然气	38 931 kJ/m^3	15.3	0.99	2.162 2 kg CO_2/m^3

8.3 计税依据与情景设置

8.3.1 计税依据

碳税的征收对象是直接向大气排放的二氧化碳，理论上应该以二氧化碳的实际排放量作为计税依据。但由于二氧化碳排放量的监测在技术上不易操作，征管成本高，各国基本上都是通过估算二氧化碳排放量作为计税依据。即根据产生二氧化碳的煤、成品油、天然气等化石燃料按含碳量测算二氧化碳的排放量。只有少数国家（波兰、捷克等）直接将二氧化碳的实际排放量作为计税依据。结合我国的实际情况，由于税务机关尚不具备对二氧化碳排放量进行监测的技术水平，为便于征收、降低管理成本，建议采用估算二氧化碳排放量作为碳税的计税依据，即以纳税人消耗的化石燃料数量和排放因子确定。

8.3.2 税率和情景设置

国际上，大多数征收碳税的国家实行固定税率，一般在开征初期采用较低税率，然后再逐步提高。例如，瑞典在 1991 年引入碳税之初，二氧化碳的税率为 27 欧元/t，到 2009 年已提高至 114 欧元/t。欧盟规定各成员国必须根据欧盟指令逐步提高碳税税率。目前欧盟体系内排放交易系统（EU-ETS）的二氧化碳排放价格约为 7 欧元/t。而国际 CDM 碳排放交易价格，已由 2008 年的 20 欧元/t 二氧化碳跌落至 2013 年的 0.35 欧元/t。

2013 年 6 月公开信息显示，国家有关部门已将《中华人民共和国环境保护税法（送审稿）》送达钢铁、电力、有色、煤炭等高耗能行业的相关协会[①]。本书初步设定碳税税率按 10 元/t 作为幅度下限。考虑到促进节能减排，应对气候变化的任务将逐渐繁重，为了给日后调整税额提供空间，按照 100 元/t 作为碳税税率的上限。

我国开征碳税，考虑到现行消费税对成品油征税，资源税对石油、天然气和煤炭征税，且上述能源燃烧是二氧化碳和二氧化硫的重要来源，开征碳税将增加能源使用者的负担。因此碳税开征初期将实行低税率，之后根据经济发展和节能减排要求逐步提高碳税税率。为了模拟不同碳税税率征收对经济竞争力的影响，本书设置

[①] 碳税对煤化工的影响分析. http://www.cnmhg.com/Industry/enterprise-development/3103.html

低税率、中低税率、中税率、中高税率和高税率共5档税率，分别对二氧化碳征收10元/t、30元/t、50元/t、70元/t和100元/t，利用CGE模型模拟碳税征收的社会经济影响。

8.4 模拟结果与讨论

8.4.1 中国2010年二氧化碳排放量核算结果

我国仍处于以化石能源消费为主的能源消费模式，尤其对煤炭等能源依赖度很强，这种消费模式也是引起污染气体排放量过多的主要原因，尤其在温室气体排放等方面影响显著。2010年，我国能源消费量为32.5亿tce，与2009年相比增长5.9%。国家统计局发布的《2010年国民经济和社会发展统计公报》显示，我国能源消费量主要由煤炭和原油所构成，其消费量占总量分别为68%和19%，两者合计占据消费总量近90%。而天然气及水电、核电、风电等清洁能源占比较小，其中水电、核电、风电等可再生能源的构成比例为8.6%。

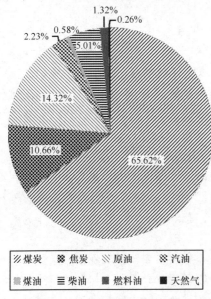

图8-2 各种能源消费产生的二氧化碳排放量所占比重

根据前面介绍的二氧化碳排放量核算方法，我们对中国2010年各种能源消费产生的二氧化碳排放量进行了核算。图8-2给出了各种能源消费产生的二氧化碳排放量所占比重。2010年各种能源消费总共排放了90.4亿t二氧化碳，煤炭、焦炭、原油、汽油、煤油、柴油、燃料油和天然气消费分别排放了59.3亿t、9.6亿t、12.9亿t、2.0亿t、0.53亿t、4.53亿t、1.2亿t和0.23亿t二氧化碳，分别占总排放量的65.62%、10.66%、14.32%、2.23%、0.58%、5.01%、1.32%和0.26%。从核算结果来看，以煤炭为主的能源结构是二氧化碳的主要排放源，煤炭和焦炭的消费总共排放了69.0亿t二氧化碳，约占总排放量的66.3%。石油类能源消费总共排放了21.2亿t二氧化碳，约占总排放量的33.4%。煤炭和石油消费总共贡献了

99.7% 的二氧化碳排放。表 8-4 给出了各行业的二氧化碳排放量情况。电力和热力的生产与供应业、石油加工炼焦及核燃料加工业、黑色金属冶炼及压延加工业分别排放了 28.9 亿 t、17.7 亿 t、13.8 亿 t 二氧化碳，分别占总排放量的 31.9%、19.6% 和 15.3%，是二氧化碳排放最多的三个行业，合计占总排放量的 66.8%；其他二氧化碳排放较多的行业依次是非金属矿物制品业、化学原料及化学制品制造业、交通运输及仓储业、煤炭开采和洗选业，分别占总排放量的 5.31%、5.26%、5.14% 和 4.93%，这七大行业总共排放了 87.4% 的二氧化碳，全部属于高耗能产业。电力和热力的生产与供应业、黑色金属冶炼及压延加工业、石油加工炼焦及核燃料加工业、煤炭开采和洗选业、化学原料及化学制品制造业是因煤炭消费产生二氧化碳较多的五个行业，石油加工炼焦及核燃料加工业、交通运输及仓储业是因石油消费产生二氧化碳较多的行业，生活消费、化学原料及化学制品制造业、电力和热力的生产与供应业、石油和天然气开采业则在天然气消费产生的二氧化碳排放量中占据前四位。

表 8-4　各行业 2010 年二氧化碳排放量核算结果　　（单位：万 t）

行业名称	煤炭类	石油类	天然气	总计
农林牧渔业	3 385.5	4 236.8	1.1	7 623.4
煤炭开采和洗选业	44 052.1	511.0	8.2	44 571.3
石油和天然气开采业	1 070.4	3 838.2	286.7	5 195.3
黑色金属矿采选业	781.7	216.9	0.1	998.6
有色金属矿采选业	233.5	88.7	0.2	322.4
非金属矿采选业和其他采矿业	1 197.8	301.3	1.4	1 500.6
食品及饮料行业	7 074.5	611.0	11.5	7 697.0
烟草制品业	152.1	19.4	1.3	172.9
纺织业	4 989.6	289.8	3.6	5 283.0
服装鞋帽制造业	455.0	176.1	0.7	631.8
皮革毛皮羽绒及其制品业	143.1	86.5	0.1	229.9
木材及家具制品业	895.8	156.2	1.4	1 053.4
造纸及印刷业	8 228.3	257.4	4.9	8 490.7
文教体育用品制造业	44.6	68.7	0.7	114.0
石油加工炼焦及核燃料加工业	56 859.8	120 135.4	86.6	177 081.8
化学原料及化学制品制造业	35 421.8	11 729.0	412.2	47 563.1
橡胶和塑料制品业	1 703.7	380.4	5.6	2 089.7
非金属矿物制品业	45 777.1	2 139.1	92.4	48 008.6

行业名称	煤炭类	石油类	天然气	总计
黑色金属冶炼及压延加工业	137 863.9	426.6	44.2	138 334.6
有色金属冶炼及压延加工业	12 553.4	543.8	19.6	13 116.8
金属制品业	816.6	345.7	7.8	1 170.2
通用设备制造业	2 702.0	427.5	14.4	3 143.9
专用设备制造业	1 552.4	247.8	12.9	1 813.0
交通运输设备制造业	2 105.8	557.1	28.0	2 690.9
电气机械及器材制造业	558.0	356.6	10.0	924.6
通信计算机及其他电子设备制造业	359.2	325.1	13.6	697.9
仪器仪表及文化、办公用机械制造业	64.8	68.4	1.2	134.3
工艺品制造业及废物利用	957.6	95.8	0.8	1 054.2
电力和热力的生产与供应业	287 266.6	941.3	390.9	288 598.9
燃气生产和供应业	2 602.9	18.2	24.6	2 645.6
水的生产和供应业	127.1	27.7	0.4	155.2
建筑业	1 382.8	2 445.1	2.5	3 830.4
交通运输及仓储业	1 202.1	45 075.5	229.7	46 507.4
邮政业	12.9	187.1	1.0	201.0
信息传输、计算机服务和软件业	0.0	99.3	0.7	100.0
批发和零售业	1 737.0	692.1	33.0	2 462.2
住宿和餐饮业	2 020.9	541.4	25.9	2 588.1
金融业	0.0	620.2	4.6	624.8
房地产业	83.9	1 208.4	9.0	1 301.3
租赁和商务服务业	395.7	2 089.3	15.5	2 500.6
研究与试验发展业	71.4	88.2	0.7	160.3
综合技术服务业	156.8	560.1	4.2	721.1
水利、环境和公共设施管理业	304.2	504.2	3.8	812.1
居民服务和其他服务业	628.0	662.0	4.9	1 295.0
教育	395.9	358.9	2.7	757.5
卫生、社会保障和社会福利业	851.8	201.3	1.5	1 054.6
文化、体育和娱乐业	52.0	97.5	0.7	150.2
公共管理和社会组织	881.4	1 066.6	7.9	1 955.9
生活消费	17 529.6	5 994.7	490.6	24 014.9
总计	689 703.6	212 115.6	2 326.0	904 145.2

8.4.2 碳税收入规模测算

表 8-5 给出了各情景下我国碳税收入规模测算情况（此处假定不对生活消费征税，对其他行业的二氧化碳排放按排放量全额计征）。当对二氧化碳征收 10 元/t、30 元/t、50 元/t、70 元/t 和 100 元/t 的碳税时，碳税总收入分别到达 880 亿、2640 亿元、4400 亿元、6160 亿元和 8800 亿元。收入规模的测算基于 2010 年的静态排放量测算，实际的征收规模取决于采取各项节能减排和能源结构调整措施后实际的二氧化碳排放量。

表 8-5　不同情景下的碳税收入规模测算

情景	低税率	中低税率	中税率	中高税率	高税率
碳税税率/（元/tCO$_2$）	10	30	50	70	100
碳税总收入/亿元	880	2 640	4 400	6 160	8 800

8.4.3 对主要宏观经济指标的影响分析

1. 对 GDP 的影响分析

征收碳税对实际 GDP 的影响非常小。从图 8-3 给出的模拟结果来看，在对二氧化碳排放征收 10 元/t、30 元/t、50 元/t、70 元/t 和 100 元/t 的碳税时，实际 GDP 仅分别下降 0.022%、0.066%、0.110%、0.153%、0.216%。征收碳税一定程度上推高了企业的生产成本，特别是随着税率的快速增长，对 GDP 会产生越来越明显的影响，但总体上即使征收高税率碳税，仍然只对经济规模产生微弱的影响，表明征收碳税的宏观经济的影响非常有限。

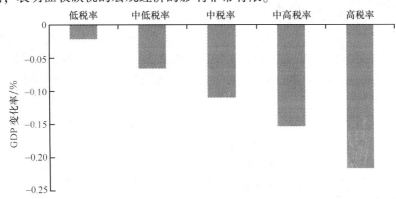

图 8-3　征收碳税对 GDP 的影响

2. 对 CPI 的影响分析

虽然征收碳税对 GDP 的影响比较小，但对 CPI 的影响较为明显。从图 8-4 给出的模拟结果来看，在对二氧化碳排放征收 10 元/t、30 元/t、50 元/t、70 元/t 和 100 元/t 的碳税时，CPI 分别上涨 0.046%、0.14%、0.23%、0.32% 和 0.45%。这表明较高税率的碳税征收对 CPI 的推涨作用明显，这主要是因为高税率的碳税征收会增加企业生产成本，进而推动商品和服务价格上涨，并最终转嫁给消费者，会对居民福利产生负面影响。因此，政府在推进碳税改革时，应关注碳税对生产成本的影响。可以考虑在税收中性原则下从增值税等生产环节税收入手减轻企业负担，从而谋取环境效益和经济效益的双重红利。

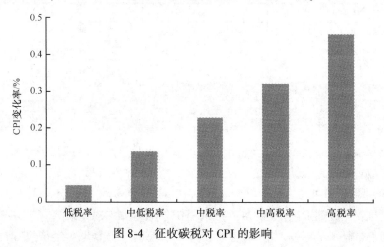

图 8-4　征收碳税对 CPI 的影响

3. 对收入分配的影响分析

征收碳税能够对收入分配产生显著影响，政府通过碳税征收大幅增加了收入，但由于碳税的转嫁显著减少了居民可支配收入。从图 8-5 给出的模拟结果来看，在对二氧化碳排放征收 10 元/t、30 元/t、50 元/t、70 元/t 和 100 元/t 的碳税时，居民总收入分别下降 0.48%、1.43%、2.35%、3.25% 和 4.57%。其中农村居民总收入下降 0.56%、1.66%、2.73%、3.78% 和 5.30%，城镇居民总收入下降 0.46%、1.36%、2.25%、3.11% 和 4.36%。过高的碳税征收标准会影响居民的收入，而且对农村居民的影响高于城镇居民，表明碳税的征收对相对弱势的群体影响更为明显。从图 8-5 给出的模拟结果来看，在对二氧化碳征收 10 元/t、30 元/t、50 元/t、70 元/t 和 100 元/t 的碳税时，政府总收入分别增加 0.96%、2.84%、4.67%、6.46% 和 9.07%。结果表明，碳税征收对收入分配有显著的负面影响，政府获取了大量的税收，但转嫁的碳税成本显著减少了居民福利，同时碳税推高了消费品价格，弱势群体对物价上涨的承受能力更弱，因此我国的碳税改革必须考虑对居民福利的负面影响，需要相应的措施对冲碳税对收入分配的负面影响。政府收入的增加使得政府有财力通过降低增值税、减免所得税或者为弱势群体提供补贴来减少碳税征收给居民福利带来的负面影响。

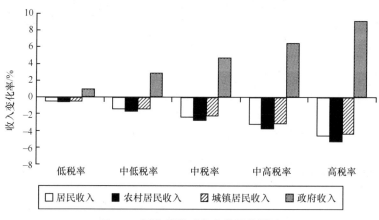

图 8-5   征收碳税对收入分配的影响

165

4. 对要素价格的影响

由于征收碳税会降低要素价格。从图 8-6 给出的模拟结果来看，在对二氧化碳征收 10 元/t、30 元/t、50 元/t、70 元/t 和 100 元/t 的碳税时，工资水平分别下降 0.07%、0.21%、0.35%、0.48% 和 0.68%，而资本租金则分别下降 0.38%、1.11%、1.82%、2.51% 和 3.52%。这主要是因为征收碳税增加了企业的生产成本，抑制了企业生产规模特别是高耗能行业的生产规模扩张，从而降低了对要素的需求，导致要素价格的下降。同时，模拟结果也表明征收碳税对资本回报率的影响大于对劳动力价格影响。这是因为碳税征收主要影响高耗能产业的扩张，高耗能产业同时也是资本密集型产业，这些产业规模下降导致对资本需求的下降，从而使得资本租金出现了明显的下降。资本价格的回落有利于低耗能产业降低资本成本，政府可以通过出台相应的鼓励措施加快高端制造业、新兴服务业等行业的发展，吸收高耗能行业释放出的资本和劳动力等要素资源，进而降低碳税的负面影响，从而推动经济发展方式的改变、资源优化配置和产业结构调整升级。

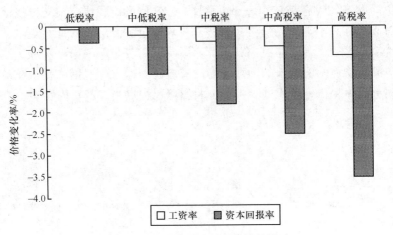

图 8-6　征收碳税对要素价格的影响

5. 对进出口规模的影响

征收碳税会导致进出口总量的下降。碳税的征收推高产品销售价格，从而影响产品的出口竞争力。从图 8-7 给出的模拟结果来看，在对二氧化碳征收 10 元/t、30 元/t、50 元/t、70 元/t 和 100 元/t 的碳税时，总出口会面临 0.07%、0.20%、0.32%、0.44% 和 0.61% 的下降。由于国内需求的下降，总进口也会出现一定幅度的下降。同时，在对二氧化碳征收 10 元/t、30 元/t、50 元/t、70 元/t 和 100 元/t 的碳税时，总进口会下降 0.07%、0.22%、0.36%、0.49% 和 0.68%，略微高于总出口的下降幅度。这说明征收碳税不会对我国经济的相对竞争力影响有限。

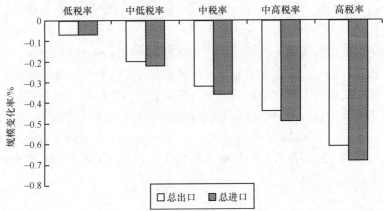

图 8-7　征收碳税对进出口规模的影响

8.4.4 对二氧化碳减排的影响分析

相对 GDP 的轻微下降幅度来讲,征收碳税对减少二氧化碳排放的作用较为明显。从图 8-8 给出的模拟结果来看,在对二氧化碳征收 10 元/t、30 元/t、50 元/t、70 元/t 和 100 元/t 的碳税时,二氧化碳排放量分别下降 0.21%、0.62%、1.01%、1.39%、1.94%。二氧化碳的减排弹性系数分别达到 9.5、9.4、9.2、9.1、9.0,表明征收碳税对二氧化碳的减排作用超过对 GDP 负面影响的 9 倍。如果通过相应的税收中性政策设计,如果通过降低增值税、所得税等手段,特别是对低耗能产业采取差别化的税收减免措施,就有可能在保持经济增长的同时,通过抑制高耗能产业扩张、调整产业结构来实现大幅度的二氧化碳减排,进而实现节能减排和经济发展的双重红利。

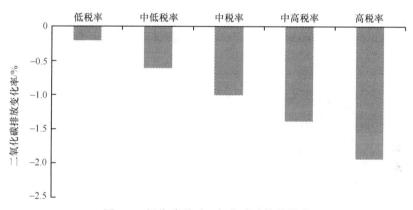

图 8-8 征收碳税对二氧化碳减排的影响

8.4.5 行业影响分析

1. 对行业生产结构的影响分析

征收碳税有利于产业结构,高耗能产业扩张受到显著抑制,而低耗能产业则增加在国民经济中所占的比重。图 8-9 给出了我国征收碳税时各行业生产规模的变化百分比。就产出水平而言,征收碳税会抑制能源消耗强度和二氧化碳排放强度大的行业,而且税率越高,抑制作用越明显;对于低能耗、低排放的行业,征收碳税反而会促进其发展。产出水平下降幅度最大的行业主要是煤炭开采和洗选

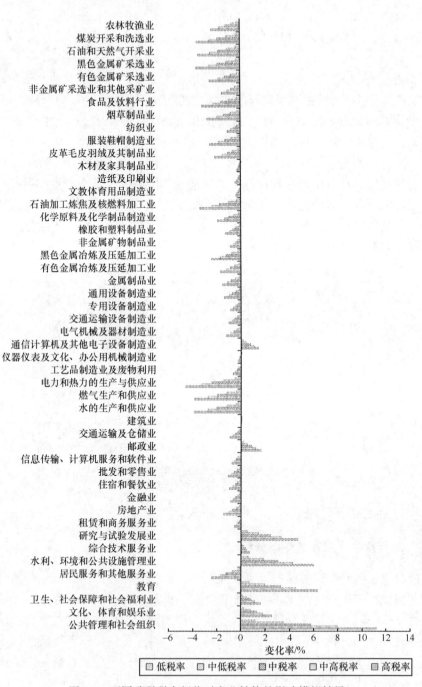

图 8-9 不同碳税税率征收对产业结构的影响模拟结果

业、石油和天然气开采业、黑色金属矿采选业、有色金属矿采选业、食品及饮料行业、烟草制品业、服装鞋帽制造业、皮革毛皮羽绒及其制品业、石油加工炼焦及核燃料加工业、黑色金属冶炼及压延加工业、电力和热力的生产与供应业、燃气生产和供应业、水的生产和供应业等高能耗、高排放的工业行业，碳税征收推高了行业生产成本，从而抑制了产能规模的扩张。产出水平增加的主要是通信、计算机及其他电子设备制造业，邮政业，研究与试验发展业，综合技术服务业，水利、环境和公共设施管理业，教育，卫生、社会保障和社会福利业，文化、体育和娱乐业，公共管理和社会组织等高技术产业和现代服务业部门。另外一些能耗和二氧化碳排放较低的行业虽然产出水平有所下降，但在国民经济中所占的比重却有所增加。这主要是因为一些高耗能、高排放行业的行业规模扩张受到抑制后，资本和劳动力等生产要素被转移到了低能耗、低排放的行业，特别是高技术和现代服务业部门。如果能通过税收中性政策设计，特别是对低能耗、低排放行业采取差别化的税费减免政策，能够更好地优化资源配置，促进产业结构转型升级，有效转变经济发展方式。

2. 对进出口贸易结构的影响分析

征收碳税会抑制高耗能、高排放行业出口，提升低耗能、低排放行业的出口竞争力，降低贸易顺差对我国能源资源消耗和二氧化碳的影响。图 8-10 列出了我国征收碳税时各行业出口相比征税之前的变化百分比。出口规模显著下降的行业主要是煤炭开采和洗选业、石油和天然气开采业、黑色金属矿采选业、有色金属矿采选业、非金属矿采选业和其他采矿业、石油加工炼焦及核燃料加工业、化学原料及化学制品制造业、橡胶和塑料制品业、非金属矿物制品业、黑色金属冶炼及压延加工业、有色金属冶炼及压延加工业、金属制品业、通用设备制造业、专用设备制造业、电力和热力的生产与供应业。这些行业都是高能耗、高排放的行业，碳税征收增加了行业生产成本，产品价格的提高降低了这些行业的出口竞争力。出口国民增加的行业主要有烟草制品业，纺织业，皮革毛皮羽绒及其制品业，通信计算机及其他电子设备制造业，仪器仪表及文化、办公用机械制造业，工艺品制造业及废物利用，邮政业，信息传输、计算机服务和软件业，批发和零售业，住宿和餐饮业，金融业，租赁和商务服务业，研究与试验发展业，居民服务和其他服务业，教育，卫生、社会保障和社会福利业，文化、体育和娱乐业以及公共管理和社会组织等行业。这些行业多数能耗低、排放低，特别是很多行业都属于高科技和现代服务业，说明碳税的征收有效改变了我国的出口贸易结构，在减少高耗能、高排放产品出口的同时，大幅度增加技术密集型和现代服务业部门的出口，有效改变了我国"贸易顺差、能源逆差、碳排放逆差"的扭曲贸易结构。

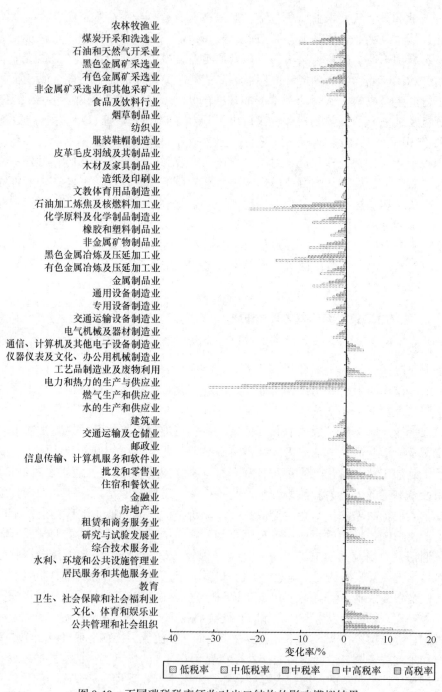

图 8-10　不同碳税税率征收对出口结构的影响模拟结果

由于碳税的征收改变了国内生产结构和需求结构，国内商品供应和需求结构的变化进而导致进口商品结构也产生了相应的变化。图 8-11 列出了我国征收碳税时各行业进口相比征税之前的变化百分比。碳税征收后，高耗能、高排放行业的进口情况出现分化，煤炭开采和洗选业、石油和天然气开采业、黑色金属矿采选业、有色金属矿采选业等采掘业部门的进口水平呈现不同程度的下降。这是因为碳税征收后，国内高耗能、高排放行业的产能扩张受到抑制，从而降低了能源和资源的需求，从而导致能源资源进口需求的下降。这说明我国征收碳税能够为全球的资源能源节约和降低二氧化碳排放做出贡献。另外一些高耗能、高排放行业，如石油加工炼焦及核燃料加工业、化学原料及化学制品制造业、非金属矿物制品业、黑色金属冶炼及压延加工业、金属制品业、通用设备制造业、专用设备制造业、交通运输设备制造业的进口水平则不同程度的增加。这些行业要么本身就是高耗能、高排放行业，或者其间接的能耗和排放水平较高，由于碳税征收这些行业的国内生产受到抑制，为了满足下游行业和国内最终需求，因此通过增加进口来弥补需求差距。

3. 对要素需求结构的影响分析

总体来看，征收碳税将促进劳动力和资本等要素从高耗能、高排放行业向低耗能、低排放特别是技术密集型和现代服务业部门转移，有效促进了资源的优化配置。图 8-12 给出了我国征收碳税时各行业劳动力需求相比征税之前的变化百分比。劳动力需求下降较多的主要行业有农林牧渔业、煤炭开采和洗选业、石油和天然气开采业、黑色金属矿采选业、有色金属矿采选业、非金属矿采选业和其他采矿业、食品及饮料行业、烟草制品业、服装鞋帽制造业、皮革毛皮羽绒及其制品业、石油加工炼焦及核燃料加工业、化学原料及化学制品制造业、橡胶和塑料制品业、非金属矿物制品业、黑色金属冶炼及压延加工业、有色金属冶炼及压延加工业、金属制品业、通用设备制造业、专用设备制造业、交通运输设备制造业、电气机械及器材制造业、电力和热力的生产与供应业、燃气生产和供应业、水的生产和供应业以及房地产业等。这些行业绝大多数是高耗能、高排放或者间接耗能和排放水平较高的行业，碳税的征收抑制了这些行业规模的扩张，从而降低对劳动力的需求。劳动力需求出现增长的行业主要有通信、计算机及其他电子设备制造业，仪器仪表及文化、办公用机械制造业，邮政业，研究与试验发展业，综合技术服务业，水利、环境和公共设施管理业，教育，卫生、社会保障和社会福利业，文化、体育和娱乐业，公共管理和社会组织等技术密集型和现代服务业部门。主要是因为这些行业能耗低、排放低，碳税征收促进了这些行业的发展，可以吸纳高耗能、高排放行业释放出的劳动力加快自身发展。

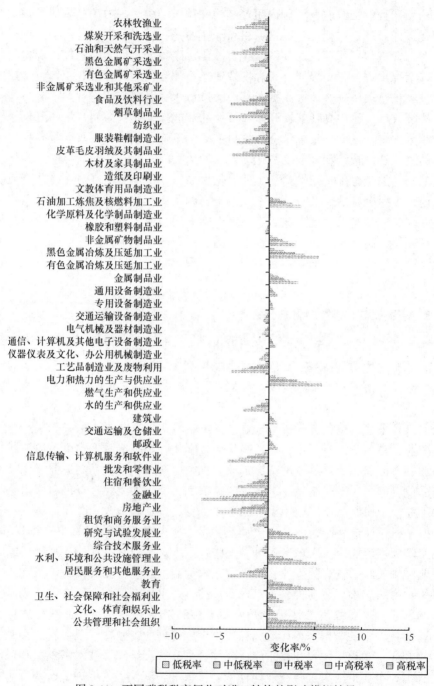

图 8-11　不同碳税税率征收对进口结构的影响模拟结果

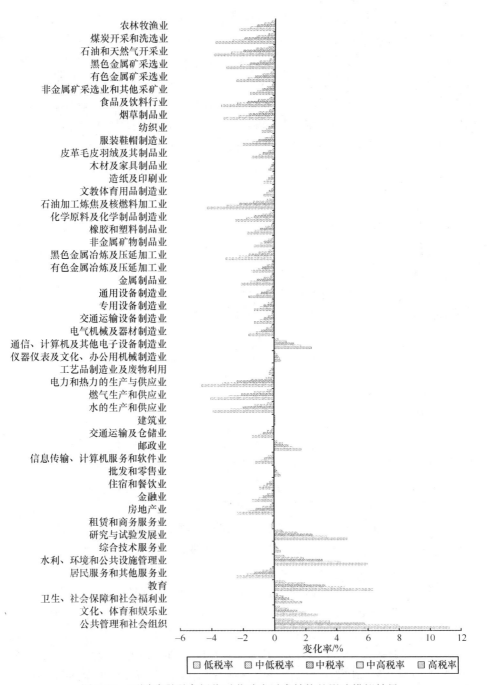

图 8-12 不同碳税税率征收对劳动力需求结构的影响模拟结果

与劳动力需求结构的变化类似，征收碳税后资本要素也出现了从高耗能、高排放行业向低耗能、低排放特别是技术密集型和现代服务业部门转移的趋势。图8-13给出了我国征收碳税时各行业资本需求相比征税之前的变化百分比。资本需求下降较多的主要行业有煤炭开采和洗选业、石油和天然气开采业、黑色金属矿采选业、有色金属矿采选业、非金属矿采选业和其他采矿业、食品及饮料行业、烟草制品业、石油加工炼焦及核燃料加工业、化学原料及化学制品制造业、电力和热力的生产与供应业、燃气生产和供应业、水的生产和供应业以及房地产业等。这些行业绝大多数是高耗能、高排放或者间接耗能和排放水平较高的行业，碳税的征收抑制了这些行业规模的扩张，从而降低对资本要素的需求。资本需求出现增长的行业主要有通信、计算机及其他电子设备制造业，仪器仪表及文化、办公用机械制造业，邮政业，租赁和商务服务业，研究与试验发展业，综合技术服务业，水利、环境和公共设施管理业，教育，卫生、社会保障和社会福利业，文化、体育和娱乐业，公共管理和社会组织等技术密集型和现代服务业部门。主要是因为这些行业能耗低、排放低，碳税征收促进了这些行业的发展，可以吸纳高耗能、高排放行业释放出的资本，增加投资加快自身发展。

8.5 主要结论与建议

8.5.1 主要结论

本书利用 GREAT-E 模型的碳排放版本分析碳税征收后不同税率水平对宏观经济、碳排放、收入水平、产业结构、贸易结构和要素需求的影响。

征收低税率碳税对我国的经济影响较小，但对 CO_2 排放的抑制作用明显。模拟结果表明，征收碳税对中国宏观经济的影响非常有限，GDP 的下降在可承受的范围之内。相对而言，征收碳税对二氧化碳的减排作用和能源节约效果远大于其对经济发展的抑制作用。较高税率的碳税能够较大幅度的促进二氧化碳减排。

征收碳税会对收入分配产生显著影响，给居民福利改善带来负面影响。结果表明，碳税征收对收入分配有显著的负面影响，政府获取了大量的税收，但转嫁的碳税成本显著减少了居民福利，同时碳税推高了消费品价格，弱势群体对物价上涨的承受能力更弱，因此我国的碳税改革必须考虑对居民福利的负面影响，需要相应的措施对冲碳税对收入分配的负面影响。但是考虑到二氧化碳减排和能源节约能够减缓气候变化和能源开采使用带来的环境污染和生态破坏，进而产生正面的居民福利效应和社会效应，碳税征收产生的社会负面影响实际上要小于模拟结果。

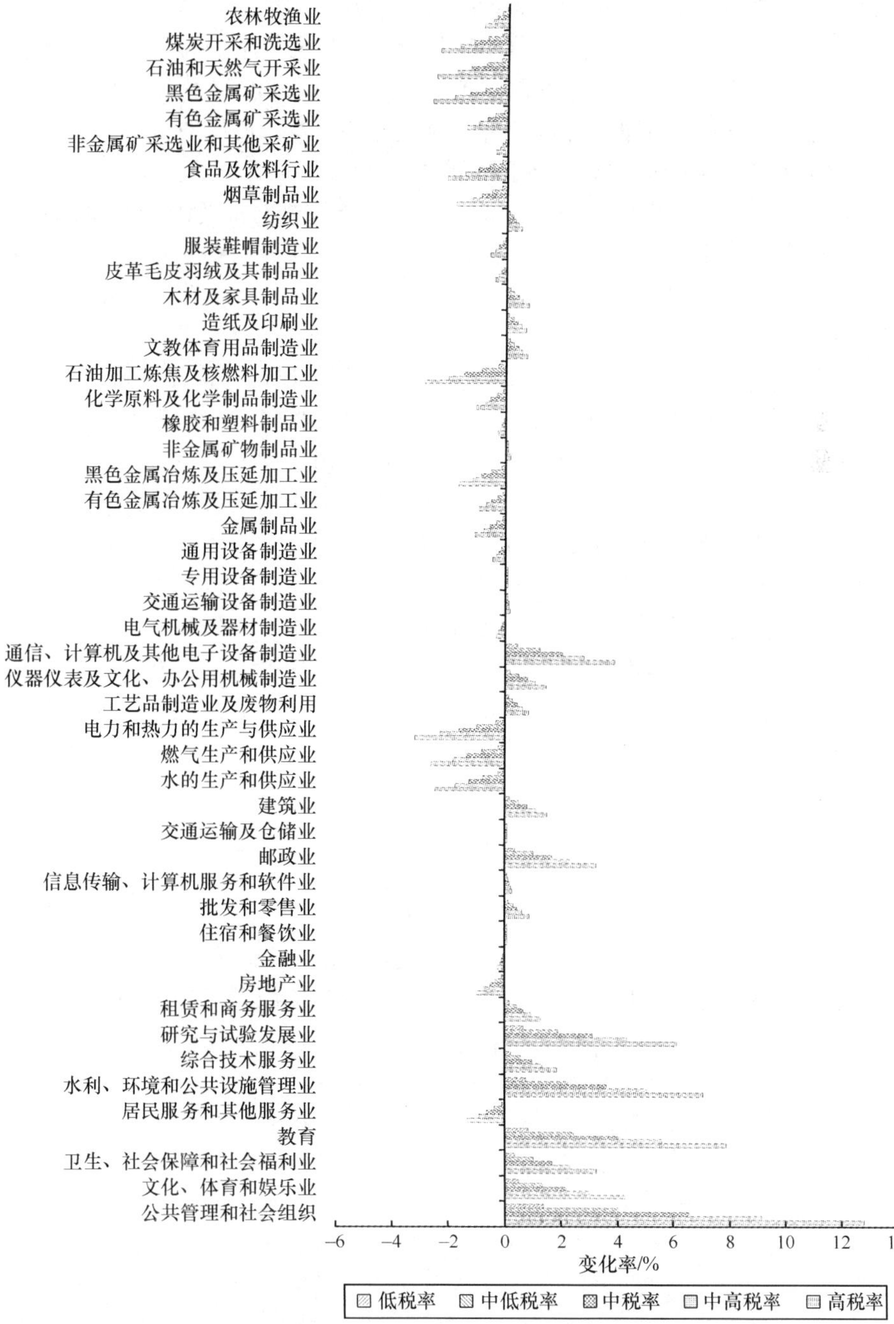

图 8-13 不同碳税税率征收对资本要素需求结构的影响模拟结果

征收碳税能够优化产业结构。高耗能、高排放行业受到抑制，而技术密集型和现代服务业部门反而加快发展。这主要是因为碳税征收增加高耗能、高排放产业的生产成本，从而抑制这些行业的产能扩张，进而降低二氧化碳排放和能源消费需求。而技术密集型和现代服务业部门利用这些行业释放出的资本和劳动力等要素资源，加快自身发展，提高产业竞争力。

征收碳税有利于进出口贸易结构优化。高耗能、高排放行业出口受到抑制，技术密集型和现代服务业部门则增强了出口竞争力。这说明碳税的征收有效改变了我国的出口贸易结构，在减少高耗能、高排放产品出口的同时，大幅度增加技术密集型和现代服务业部门的出口，有效改变了我国"贸易顺差、能源逆差、碳排放逆差"的扭曲贸易结构。由于碳税的征收改变了国内生产结构和需求结构，国内商品供应和需求结构的变化进而导致进口商品结构也产生了相应的变化。特别是采掘业部门的进口水平呈现不同程度的下降，说明国内高耗能、高排放行业降低了对能源和资源的需求，从而导致能源资源进口需求的下降，能够为全球的资源能源节约和降低二氧化碳排放做出贡献。

征收碳税能够优化资源配置。总体来看，征收碳税将促进劳动力和资本等要素从高耗能、高排放行业向低耗能、低排放特别是技术密集型和现代服务业部门转移，有效促进了资源的优化配置。这主要是征收碳税抑制了高耗能、高排放行业的产能扩张，降低了对劳动力和资本等要素的需求，释放出的劳动力和资本要素被转移到了技术密集型和现代服务业部门，从而促进了这些产业的发展，优化了产业结构。

8.5.2 主要建议

尽快试探性出台对煤、石油、天然气等化石燃料消费的碳税政策，依据循序渐进的原则，逐步形成我国的碳税税制，促进国家节能减排目标的落实和温室气体排放的控制，扩大我国在国际社会的影响，表明我国在应对全球气候变化和环境保护方面的坚定立场，赢得国际谈判上的主动权。

碳税税率要充分考虑企业承受能力和对社会经济的影响。对于碳税的定价要科学合理，应充分考虑我国国情和经济发展状况，不能定价过高，否则可能影响企业的国际竞争力，影响社会稳定和经济持续健康发展。为此，在对碳税定价时，要进行系统模拟各种税率对我国社会经济的影响和企业可承受能力，确定出合理税率。

税率制定遵循循序渐进的过程。在经济全球化的背景下，国内外大量实践证明，征收碳税将影响企业国际竞争能力。为此，许多国外对于高耗能行业采取低税率和鼓励节能的减免政策。我国仍属于发展中国家，保持经济持续稳定发展和提高人民生活水平是当务之急。因此，碳税方案的制订必须遵循渐进过程。

碳税政策的设计应遵循税收中性原则。由于碳税征收对收入分配的影响显著，为了减轻碳税征收对国家竞争力和居民福利的影响，必须采取相应的减免税政策对冲这些负面影响。建议在国家财税政策改革大背景下，践行税收中性原则，政府在增加碳税收入的同时，在增值税、所得税等环节降低税率，特别是根据耗能水平和二氧化碳排放水平设计差别化的减免税政策，从而在减少二氧化碳排放和能源消费的同时，保持国家经济竞争力和提高居民福利水平，从而取得环境效益和经济效益的双重红利。

从充分发挥碳税政策的社会效应角度考虑，碳税征收应在消费环节，这样更有利于刺激消费者减少能源消耗。但从实际管理和操作角度考虑，在销售环节征收碳税更容易操作，但这对消费者而言，只相当于提高了能源的购买价格，并不能很好发挥碳税的社会效应，况且在近期我国征收碳税的税率必然很低，因此在销售环节征收碳税可能导致碳税政策社会效应的丧失。因此，建议碳税征收仍应在消费环节，可与环境税或排污费等一并由同一部门征收，减小社会管理成本。

第9章 基于静态 CGE 模型分析中国征收水资源费的经济影响

9.1 背 景

在所有可利用的自然资源中，水在人类生存及经济活动中不可缺少，并占有重要地位。包括水在内的自然资源，是所有商品及服务直接或间接的初级生产要素。生产和经济的发展不仅消耗水资源并且产生大量的废水排入环境中。水是地球上生命维持的必要元素，但由于人类过度沉溺于工业化带来的繁荣生活，水资源短缺、水污染现象逐渐凸显，伴随的环境污染和生态破坏问题也日益严重。由于农业、生活和生产部门，以及生态保护对水的需求越来越大，水作为一种自然资源越发成为发展的主要限制因素（Aronson et al.，2006）。

中国是一个陆地大国，拥有共计 28 000 亿 m³ 的水资源。但其年均可再生淡水资源使用量只有 2196m³/人，仅为世界平均水平的 1/4。中国面临的水资源挑战主要来自于气候变化及人类活动。由于中国属于典型的大陆季风气候，水资源在时间及空间上的分布并不均匀。在中国，将近 80% 的北方地区，其降水的 60%~70% 集中于夏季。年降水量则由东南省份的大于 1600mm 逐渐下降到西北省份的不足 50mm。人口及经济的分布与水资源的空间分布并不协调。北方地区国土面积、耕地、人口和 GDP 约占全国的 64%、65%、47% 和 45%，而水资源却仅占 19%，人均水资源量不足南方地区的 1/4。其中黄河、淮河、海河流域 GDP 约占全国的 1/3，而水资源量仅占全国的 7%，是我国水资源供需矛盾最为尖锐的地区。我国用水效率低下，水资源浪费严重。我国水资源生产率仅为世界平均水平的 1/5 左右。农业灌溉水利用率仅为 25%~45%，而发达国家可达 70%~80%；每吨水粮食产量仅为 1kg，而发达国家高达 2~2.5kg；万元工业产值用水量为发达国家的 5~10 倍，水重复利用率仅为 40% 左右，约为发达国家的 1/2；城镇供水管网漏失率在 20% 左右，每年由此损失的自来水近 100 亿 m³。

由于受人口增加、城市化加剧、经济社会需求激增以及生态环境标准提高等因素影响，中国对淡水资源的需求越来越大。总用水量由 1980 年的 4437 亿 m³（United Nations，1997）增加到 2007 年的 5818 亿 m³（水利部，2008）。水资源的使用量 1980~2007 年增长了 31%，然而淡水量与人口、GDP 的增长并不相适应，水资源消费的增加导致了多个地区的水危机，尤其是在海河、黄河及淮河流域（World Bank，2001）。淮河、松花江、辽河、黄河流域地表水资源开发率分别达到了 73.8%、42.1%、50.6%、54.7%，海河流域更是高达 98%，远远超过国际公认的 40% 的水资源开发生态警界线。全国地下水年均超采量达 215 亿 m^3，相当于开采总量的 20%，已形成地下水超采区 400 多个，超采面积自 1980 年前后的不足 9 万 km^2 增长到近年来的 19 万 km^2，超过 9 万 km^2 发生地面沉降。危险废弃物的处置，工业和市政污水的排放，含有化肥、农药和肥料的农业废水径流，这些对全国大部分的地表水和地下水造成了污染，国家的可使用水资源量也因此减少。2007 年，仅有 48.9% 的河流、78.5% 的水库及 37.5% 的地下水井符合饮用水水质标准（水利部，2008）。由于严峻的水污染，甚至在中国南部地区也面临着干净饮用水短缺与水安全的问题。

2007 年的中国用水结构中，农业用水占全部用水比例为 63.4%，工业用水占 24.1%，建筑与服务业用水分别占 0.6% 和 1.8%，农村与城镇用水分别占 3.5% 与 4.8%，剩余的 1.8% 为环境用水（图 9-1）。日益严重的水短缺和用水需求的增加，给主要用水户带来了跨部门间的水竞争现象。这在北方地区表现得尤为显著，农业生产由于前所未有的水竞争带来了严重的负面影响（Yang and Zehnder，2001）。而对于中国大多数的农村家庭，农业仍然是一个重要的收入来源和就业保障。除此之外，气候变化也为部门间的水资源竞争增加了压力。从 1956～2000 年变化趋势看，全国平均年降水量的变化幅度不大，但是区域差异显著，"南涝北旱" 态势明显，长江中下游和东南地区年均降水量增加 60～130mm，黄河、海河、辽河和淮河流域年均降水量减少 50～120mm，进一步加剧了水资源分布不平衡格局。因此，水管理者有必要重新思考当前的水资源管理政策。

179

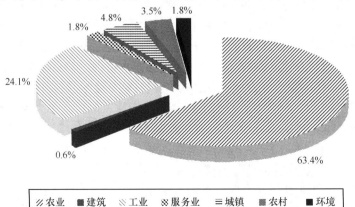

图 9-1　中国 2007 年用水情况

为了缓解中国严峻的水危机，中国启动建设了一批大型水利工程。南水北调工程与三峡工程是其中两个规模最大且具有争议的工程，尽管大规模的水库与跨流域的调水工程会在保障供水中产生重大作用，但综合复杂的技术、经济、社会和环境问题，这种通过供水管理解决用水需求增加的方案，会因资源约束及工程边际成本增加的缘故，边际效益逐渐下降。而需水管理政策在水政策的制定中应当受到更多的重视（Ashton and Seetal, 2002）。水费若要成为需水管理的有效工具，并保护供水的资源成本，必须较大幅度的提升。中央政府提出了关于水价核定的《水利工程供水价格管理办法》，该规定于 2004 年开始实施。中国政府希望更高的水价能够带来更多节水，并改善不同部门间的用水分配，同时筹集足够的资金用于基础设施的维护和修复（Malik, 2008）。然而，尽管中国已经在法律法规中明确了水资源费，但该费用更多地体现在管理成本而不是机会成本和外部性上（World Bank, 2001a; 2001b）。新的中国水资源政策应该体现出完全的水资源成本。水资源费可以视为一种水税，通过考虑机会成本与水资源使用的外部性来征收。本书不核定中国水资源的全成本价格，主要目的是分析提供水资源费征收标准提高产生的经济影响。

许多学者使用局部均衡模型来分析水资源政策引起的 GDP 和工业产出的变化（Hou, 1991; Liu 1996; Brown and Halweil, 1998; Conrad et al., 1998; Yang and Zehnder, 2001; Rosegrant et al., 2002; De Fraiture et al., 2004）。然而，这种方法没有考虑水和其他经济部门间的关系，因此在一些案例中会得到不合理的结果（Horridge, 1993）。相比之下，一般均衡分析可以考虑更为广泛的经济反馈和完整的效益影响评估。基于此，本书将水作为一种生产要素，应用比较静态 CGE 模型对水资源费可能产生的经济影响进行分析。

在一般均衡分析中，很容易模拟一种政策改变后整个经济的适应状况，以及不同经济活动之间的相互作用。因此，CGE 模型非常适合比较水资源管理中使用不同替代政策的情景间的效果。Susangkarn 和 Kumar（1997）应用 CGE 模型研究了泰国将水资源使用费用囊括到各生产部门中对经济的影响。Decaluwé 等（1999）基于 CGE 模型开发了另外一种模型来比较摩洛哥的不同水价政策。Seung 等（2000）将一个国家级的动态 CGE 模型与一个娱乐用水需求模型耦合起来，对内华达州农村从农业到娱乐休闲重新分配水的影响进行了研究。Diao 和 Roe（2003）、Diao 等（2005）应用跨期动态 CGE 模型，使用"自上向下"及"自底向上"的关联分析，研究了摩洛哥的水及贸易相关政策。Diao 等（2008）扩展了其自行开发的摩洛哥模型，将地下水和地表水区别开来，作为农业生产及城市用水需求的输入量，评价了地下水管理对农业与非农业部门的直接与间接影响。Xia 等（2010）使用 GEMPACK 软件工具应用一般均衡模型分析了北京市水价上涨时，GDP 和工业产出的变化。Fang 等（2006）应用针对小型、开放式、竞争式经济体的 Ramsey 型增长模型，调查了有效区域内和跨区域水资源再分配的经济影响。Juana 等（2009）应用 CGE 模型分析了南非气候变化中水资源对社会经济的影响。基于全球一般均衡模型 GTAP-W，Calzadilla 等（2010）分析了雨水及灌溉水在国际贸易环境下对农业的作用。

本章由以下几部分组成：9.2 讨论 CGE 模型的数据与方法；9.3 设置水资源费情景设置；9.4 分析水资源费对中国经济的影响。

9.2 数据与方法

本节描述本书中 CGE 模型的结构、SAM 的建立，及模型参数的校准。

9.2.1 模型结构

本书中的模型是使用 MCP GAMS 求解器，通过一般均衡数学编程系统（MPSGE）开发而出的，这个模型是 Rutherford 于 1998 年开发的通用代数建模系统（GAMS）的扩展。模型的结构如图 9-2 所示。模型的理论结构和大多数静态 CGE 模型结构一致，由以下内容组成：描述生产者对生产投入和主要要素需求的方程，生产者供应的商品，资本投资需求，家庭消费需求，出口需求，政府消费需求，生产成本与购买价格间的关系，对商品和要素的市场出清条件，其他宏观经济变量和价格指数（Robinson et al.，1999）。

在本书的标准新古典 CGE 模型中，每个生产部门的生产活动都假定追求其利润最大化或者成本最小化，利润定义为收入与要素投入和中间投入之间的差异。由于假设完全竞争和规模报酬不变，因此不存在超额利润，并且利润最大化受到生产技术的约束。该模型使用多层嵌套的 CES 生产函数来确定生产水平。在最高层，活动水平由一个包含要素投入合成束和中间投入合成束的 CES 函数确定。中间投入由 Leontief 函数决定，而要素投入本身就是一个多层嵌套的 CES 函数。在经济学中，Leontief（1970，1972）生产函数是一个表明生产要素用于固定（技术上预先确定的）比例的函数，要素之间是不可相互替代的。CES 函数由 Arrow 等（1961）开发，它使用替代因素的弹性参数测量由于技术替代后边际税率的比例变动导致的因素比例变化。从无替代（Leontief 案例的固定系数）到完全替代（线性），对于 CES 函数有一个可能性来表示曲率的凸等产量线和等效用（Sancho，2009）。在 CES 函数中，资本和劳动力在底层相结合，之后又通过 CES 函数与水资源联系起来。这种要素投入的组合在各生产部门中是相同的。然

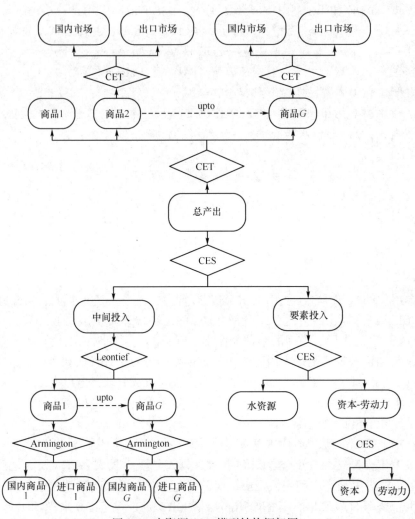

图 9-2　水资源 CGE 模型结构框架图

而，这并不意味着每个产品的复合要素禀赋组合相同，因为各投入要素的市场占有率和投入要素间的替代弹性参数在各生产部门是不同的。

假设每项生产活动只生产一种商品以满足国内外需求。生产活动的收入由活动水平、产量和生产者水平下的商品价格确定（Phuwanich and Tokrisna，2007）。模型假设要素可以跨部门自由流动，且由于每个要素的供应量与需求量一致，资本和劳动力市场是封闭的。与之相比，总用水量不能大于总供水量；此外，不同部门间水价可能不同。因此，这些假设表明劳动力和资本得到了充分利用，而用水需求不能超过总供水量。

该模型还在不同来源或消费去向的产品中假定了不完全的替代关系。生产商通过寻找国内产出、国内销售及出口等的最优组合方式使其利润最大化。CET 函数用来规范部门产出的国内消费与国外需求间不完全替代的概念。CET 函数最早由 Powell 和 Gruen（1968）提出，是 CES 函数的推导（Philippidis，1999）。国内市场需求由居民消费需求、政府消费需求、投资需求和中间投入需求组成。所有的国内市场需求是由进口商品和国内产出组成的一个复合商品。本书中，Armington（1969）的 CES 函数用来确定国内产出和进口商品的需求组合。Armington 弹性代表了不同国家产品间的替代弹性，并且基于 Armington（1969）的假设，即在国际市场上交易的产品会由于产品来源国家的不同而区别对待。进出口流的贸易扭曲是外国储蓄和从价计征关税导致的。

居民从劳动力和人力资本、企业及其他机构的转移支付（如政府和世界其他地区）等要素禀赋中获得直接或间接的收入。每个居民组的消费决策受到预算的约束，消费者通过调整其在不同商品上的消费选择达到效用最大化，居民消费需求通过 LES 描述。LES 是一个效用函数，它克服了在某些特定商品上的家庭消费不受价格影响的缺点（Stone，1954）。

企业不消费任何商品，其主要收入来源是资本回报。企业在直接支付税收和得到政府的转移支付后获取净利润。其中一部分税后净利润转移到居民，其余被保留为企业储蓄。政府收入来源于税收、水资源费和来自世界其他地区的转移支付。政府支出则包括不同商品消费以及给居民、企业和世界其他国家地区的转移支付。剩余那些超过支出的收入构成政府的储蓄。

9.2.2 嵌入水资源的中国 2007 年社会核算矩阵

CGE 模型中的 SAM 是一个连续的、多部门的、涵盖整个经济的数据框架。矩阵将国民经济核算、投入产出表、资金流量表和对外贸易统计等集合成一个全面连贯的数据集，其典型的设置能够代表一个国家的经济（Jennifer，2002）。

由于中国并没有发布官方的 SAM，需要使用各种来源的数据建立一个 SAM 框架。参考 He 等（2010）构建 2005 年中国 SAM 的方法，我们首先构建了 2007 年中国 SAM，之后在该矩阵中进一步设置账户构建了微观 SAM。其中活动、商品及进出口账户的数据根据同年中国经济投入产出表得到，进出口商品的数量、关税数据来自《中国海关统计年鉴 2008》（海关总署，2008）。由于贸易关税包含在投入产出表中的中间投入账户中，因此编制 SAM 时，需要将其从活动与商品账户中提取出来。政府费用账户中的收入来自《中国金融年鉴 2008》（财政部，2008a）；税收数据来自《中国税务年鉴2008》（国家税务总局，2008）；家庭、企业和政府的收入和支出数据根据《中国统计年鉴2008》（国家统计局，2008）中资金流量表进行调整。本书编制2007年中国宏观SAM见表9-1。

表9-1　中国2007年宏观SAM　　　　　　（单位：亿元）

账户分类	活动账户	商品账户	要素账户	居民账户	企业账户	政府账户	国外账户	投资账户	总计
活动账户		80 868.8							80 868.8
商品账户	55 281.5			9 655.3		3 519.1	9 554.1	10 513.1	88 523.1
要素账户	21 168.3						40.0		21 208.3
居民账户			12 524.0		3 122.7	544.7	294.0		16 485.4
企业账户			8 463.8			206.1	160.6		8 830.5
政府账户	4 419.0	143.3	220.6	1 399.7	877.9		−1.2		7 059.2
国外账户		7 511.0							7 511.0
储蓄账户				5 430.4	4 829.8	2 789.4	−2 536.4		10 513.1
总计	80 868.8	88 523.1	21 208.3	16 485.4	8 830.5	7 059.2	7 511.0	10 513.1	

　　本书中，微观SAM中的活动/商品账户分为14个行业：农业、采掘业、食品和烟草制造业、纺织品和服装、木材加工和造纸印刷业、石油加工和炼焦业、化学工业、非金属制品业、金属制品业、机械和装备制造业、其他制造业、电力燃气与水的生产和供应业、建筑业、服务业。由于数据的限制，居民账户只区分成农村居民和城镇居民两个居民组。政府活动分成一个主要政府账户和几个税收账户。作为此次研究的一个关键因素，详细的水账户被添加到微观SAM中，以分析行业经济部门中水的分配和使用。水供给和使用的信息来自《水资源公报2007》（水利部，2008），全国平均水价根据不同城市水价的统计估定。

　　SAM的设计和构建方法不是标准化的。一个SAM只需要满足两个条件：矩阵必须是方阵，且每个账户的行总和（总收益）和列总和（总费用）都必须是相等的（秦昌才，2007）。由于使用不同来源的数据及各种统计偏差，编制的2007年中国SAM最初不是平衡的。为了满足行列的约束，我们在GAMS软件环境下，采用了交叉熵法来平衡中国的微观SAM。首次将交叉熵处理应用于平衡SAM的是Sherman Robinson和其在IFPRI的同事（Robinson et al., 1998；Robillard and Robinson, 1999；Robinson et al., 2000；Robinson and EI-Said, 2000）。更新一个SAM的预测过程是在考虑所有约束的基础上，通过最小化新的和先前的预测概率之间的交叉熵距离，找到一个接近于已知SAM X^0 的新的SAM X^1。

9.2.3 模型参数的校准

参数值对于确定政策模拟的结果至关重要。理想情况下，所有的参数应通过计量经济学方法进行估计。但由于需要复杂的技术，加上数据有限，通常认为这种方法确定所有参数并不可行（Gunning and Keyzer，1995）。因此，参数值通常由一个校准程序来确定（Mansur and Whalley，1984）。在 CGE 模型中，如消费者和政府消费份额、平均储蓄率、平均税率等参数，可以由平衡的 SAM 提供的基准数据集进行校准（He et al.，2010）。校准过程保证了模型的参数具有这样的特性，即模型能够重新生成初始数据集，成为一个平衡的解决方案。一旦 SAM 重新生成，该模型将遵循 SAM 的所有约束。因为 SAM 中的每个账户行总和（总收益）等于列总和（总费用），上述的份额参数将通过这个校准程序确定。其他类型的参数由弹性参数组成，如生产要素间的替代弹性，Armington 弹性及 CET 弹性，这些参数都是外生确定的。根据其他学者的研究（Dervis et al.，1982；Zhuang，1996；郑玉歆和樊明太，1999；He et al.，2002；Zhai，2005；Willenbockel，2006），模型中使用的弹性参数在表 9-2 进行了总结。本书中，出口和国内需求之间的 CET 弹性为 4，进口货物和国内供应之间的 Armington 弹性为 1 ~ 3。劳动力和资本之间的 CES 弹性根据不同的行业为 0.1 ~ 0.8。水体和劳动力-资本合成束间的 CES 弹性根据不同的行业为 0.1 ~ 0.8。

表 9-2　CGE 模型使用的关键弹性参数

弹性参数	取值
CET 转换弹性（σ_T）	4
进口与国内商品间的 Armington 弹性（σ_A）	1 ~ 3
资本与劳动力间的 CES 弹性（σ_{KL}）	0.1 ~ 0.8
资本-劳动力合成束与水间的 CES 弹性（σ_{KLW}）	0.1 ~ 0.8
要素合成与中间投入合成间的 CES 弹性（σ_{TOP}）	0.6

9.3　水资源费情景设置

为了保护有限的水资源，中国政府正在向所有行业中的水用户增加水费，实际上构成了一种水资源税。应用 9.2 节所述模型，我们设置了三个模拟情景，分别模拟水资源费政策下的经济影响，情景设置如下。

情景 1（S1）：选择性定价方案，只在农业部门征收额外的 0.2 元/m³ 的水税。

情景 2（S2）：所有部门实行统一定价方案，征收额外的 0.2 元/m³ 的水税。

情景 3（S3）：实施差别定价方案，对农业部门征收额外的 0.2 元/m³ 的水税，其他部门征收 0.5 元/m³ 的水税。

9.4　模拟结果与讨论

表 9-3 给出了三种水资源费征收情景下的部门产出及其商品价格的变化。结果表明，三种情景下部门的总产出分别下降了 0.100%、0.215% 和 0.383%。作为主要的水用户，农业部门在三个情景中的下降比例均超过了 2%，这是由于农业用水强度最大，额外的水资源费征收使得其生产成本增加。其他两个非农业部门，即食品和烟草制造业、纺织和服装业也出现了类似的情况。这是因为这两个行业需要从农业部门购买大量的商品作为自己的生产投入（Qin et al.，2013）。因此，在农业部门提升水资源费，将间接影响这两个部门的生产成本。比较情景 2、情景 3 与情景 1 的结果，可以看出非农业部门的产出不同程度的减小。特别是电力部门的产出下降比其他非农部门更为明显，这是因为该行业是一个高耗水行业。值得注意的是，对耗水用户的水资源费征收将会影响生产模式，而在农业部门的水资源费征收将影响该部门的产出。

表 9-3　水资源费增加对部门生产的影响　　　　　（单位:%）

行业名称	价格			数量		
	情景 1	情景 2	情景 3	情景 1	情景 2	情景 3
农业	1.272	1.190	1.070	-2.098	-2.210	-2.374
采掘业	-0.433	-0.342	-0.206	0.246	-0.021	-0.413
食品和烟草制造业	0.528	0.510	0.483	-1.367	-1.535	-1.782
纺织和服装业	0.169	0.194	0.231	-1.712	-1.887	-2.146
木材加工和造纸印刷业	-0.185	-0.105	0.013	-0.121	-0.262	-0.470
石油加工及炼焦业	-0.403	-0.317	-0.190	0.140	-0.034	-0.288
化学工业	-0.298	-0.170	0.017	-0.301	-0.541	-0.893
非金属制品业	-0.408	-0.330	-0.215	0.060	-0.021	-0.141
金属制品业	-0.397	-0.304	-0.167	0.360	0.216	0.003

续表

行业名称	价格			数量		
	情景 1	情景 2	情景 3	情景 1	情景 2	情景 3
机械和设备制造业	−0.443	−0.400	−0.337	0.387	0.300	0.172
其他制造业	−0.083	−0.115	−0.163	−0.115	−0.212	−0.355
电力、燃气与水的生产和供应业	−0.430	0.215	1.166	0.022	−0.681	−1.704
建筑业	−0.422	−0.385	−0.331	0.003	−0.002	−0.009
服务业	−0.359	−0.399	−0.459	0.373	0.416	0.480
合计	−0.209	−0.155	−0.075	−0.100	−0.215	−0.383

　　不同的情景下水价上涨引起的部门产出变化，同样会对要素需求产生直接影响。表 9-4 显示了不同部门对劳动力和资本的需求变化。由于水资源费的增加，某些行业可以使用其他要素（劳动和资本）替代水资源的投入，其他行业则不适用。这将对要素回报产生不同的影响，表 9-4 显示了水资源费对劳动力工资和资本回报率可能产生的影响。在情景 1 中，资本平均回报率略微增加了 0.04%，而在情景 2 和情景 3 中资本平均回报率则分别降低了 0.08% 和 0.25%。可能的经济原因是水资源费征收可能增加或减少了某些部门的资本需求。既然资本总量在短期内是固定的，资本价格在情景 1 中的增加减少了对资本的需求，而在情景 2 和情景 3 中资本价格降低则增加了对资本的过剩。对于劳动力平均工资率，其在三个情景下分别降低了 0.97%、1.10% 和 1.29%。这表明了水费征收在某些行业中对劳动力的需求有负面影响。为了减少劳动力的供应过剩，需要降低平均工资直到市场再次达到均衡。伴随而来的是居民收入的减少，因为大多数居民家庭收入来自于工资收入。

表 9-4　水资源费增加对部门要素需求的影响　　　（单位:%）

行业名称	劳动力			资本		
	情景 1	情景 2	情景 3	情景 1	情景 2	情景 3
农业	−1.825	−1.895	−1.998	−2.321	−2.397	−2.507
采掘业	0.546	0.371	0.111	0.038	−0.143	−0.409
食品和烟草制造业	−0.838	−0.943	−1.097	−1.009	−1.116	−1.272
纺织和服装业	−1.761	−1.833	−1.940	−2.109	−2.185	−2.297
木材加工和造纸印刷业	0.196	0.120	0.006	−0.210	−0.290	−0.409
石油加工及炼焦业	0.434	0.365	0.262	−0.024	−0.098	−0.207
化学工业	0.086	−0.067	−0.290	−0.420	−0.578	−0.808

续表

行业名称	劳动力			资本		
	情景1	情景2	情景3	情景1	情景2	情景3
非金属制品业	0.376	0.398	0.429	-0.081	-0.065	-0.041
金属制品业	0.726	0.678	0.608	0.216	0.163	0.085
机械和设备制造业	0.824	0.837	0.855	0.467	0.476	0.488
其他制造业	0.224	0.229	0.236	-0.283	-0.284	-0.285
电力、燃气与水的生产和供应业	0.251	-0.282	-1.073	-0.256	-0.792	-1.587
建筑业	0.309	0.398	0.529	-0.198	-0.115	0.007
服务业	0.722	0.840	1.015	0.213	0.324	0.490

行业产出的变化对商品供应及进出口具有重要的影响。表9-5显示了每个模拟情景下进出口贸易结构的变化。三种情景下农产品的出口分别下降了7.9309%、7.5788%和7.0535%，国内农产品的供应则分别下降了1.97%、2.10%和2.28%。这是由于农产品生产需要大量的水，因此水资源费增加时农业生产成本也随之增加，从而降低了国内需求。与行业产出类似，两个非农行业，即食品和烟草制造业、纺织和服装业的出口变化也具有相同的趋势，因为它们使用农业部门提供的商品作为自己的产品输入（Qin et al.，2013）。因此，水资源费间接地提高了它们的生产成本。比较情景2和情景3与情景1的结果，非农业用水的水资源费征收还导致了高耗水商品出口的下降及低耗水商品出口的增加。以电力行业为例，与情景1相比，情景2和情景3中其出口量分别减少了3.09%和7.43%。这表明水资源费征收使出口结构从高耗水产业向低耗水产业转移，同时通过更多进口高耗水产品满足国内需求。这种包含在商品中隐含的水称为"虚拟"水（Hoekstra，2007）。正如预期的，根据虚拟水贸易，高耗水产品出口的下降导致虚拟水出口减少。根据表9-5所示结果，征收水费会导致多数商品的进口略微下降。其原因可能是由于居民收入减少，同时居民CPI增加（表9-7），国内家庭消费能力减弱。

表9-5 水资源费增加对部门进出口贸易的影响 （单位:%）

行业名称	出口			进口		
	情景1	情景2	情景3	情景1	情景2	情景3
农业	-7.9309	-7.5788	-7.0535	0.3374	0.0236	-0.4372
采掘业	0.8988	0.4357	-0.2439	-0.0761	-0.2464	-0.4974

续表

行业名称	出口			进口		
	情景1	情景2	情景3	情景1	情景2	情景3
食品和烟草制造业	−4.4656	−4.3945	−4.2878	−0.1791	−0.4411	−0.8252
纺织和服装业	−3.4286	−3.5291	−3.6783	−0.4914	−0.7216	−1.0597
木材加工及造纸印刷业	−0.4664	−0.7526	−1.1732	0.1297	0.0945	0.0428
石油加工及炼焦业	0.6718	0.3251	−0.1838	−0.0590	−0.1677	−0.3273
化学工业	−0.1961	−0.7703	−1.6090	−0.3401	−0.4548	−0.6238
非金属制品业	0.6117	0.3897	0.0633	−0.1079	−0.1462	−0.2027
金属制品业	0.8665	0.5212	0.0142	0.1910	0.1139	−0.0003
机械和设备制造业	1.0809	0.9963	0.8698	−0.0441	−0.1320	−0.2613
其他制造业	−0.8657	−0.6609	−0.3600	0.1150	−0.0746	−0.3535
电力、燃气与水的生产和供应业	0.6593	−2.4255	−6.7710	−0.1713	−0.1425	−0.1049
建筑业	0.6087	0.6310	0.6628	−0.1807	−0.1942	−0.2137
服务业	0.7243	1.1081	1.6745	0.2559	0.1864	0.0853
合计	−0.0317	−0.1224	−0.2559	−0.0403	−0.1557	−0.3256

水资源费能够导致生产、消费、增值收益以及贸易模式的变化。反过来，这种生产、消费和贸易模式的变化也会影响各部门的用水需求及用水的重新分配。表 9-6 显示了不同模拟情景下行业用水的变化。结果表明，农业产出和出口的下降减少了农业用水需求，因此水被重新分配给利用效率更高的部门。由于对农业用征收水资源费间接降低了食品和烟草制造业、纺织和服装业的产出和出口量，这些部门的用水需求也随之下降。比较情景 2 和情景 3 与情景 1 的结果，对非农业用水的水资源费征收也会导致高耗水部门的用水需求下降。以电力行业为例，与情景 1 相比，在情景 2 和情景 3 中其用水量分别下降了 0.26% 和 0.70%。此外，伴随各部门的水资源费征收，低耗水行业将增加它们的用水需求。因此，这些结果表明在耗水行业征收水费征能够导致部门间用水的重新分配，有利于提高水资源利用效率。

表 9-6　水资源费增加对部门用水需求的影响　　（单位:%）

行业名称	情景1	情景2	情景3
农业	−1.661	−1.650	−1.620
采掘业	0.744	0.693	0.636

续表

行业名称	情景1	情景2	情景3
食品和烟草制造业	-0.456	-0.426	-0.359
纺织和服装业	-1.531	-1.491	-1.415
木材加工和造纸印刷业	0.710	0.840	1.064
石油加工及炼焦业	0.801	0.899	1.070
化学工业	0.009	-0.094	-0.236
非金属制品业	0.516	0.637	0.832
金属制品业	0.801	0.846	0.928
机械和设备制造业	1.118	1.264	1.499
其他制造业	0.407	0.543	0.764
电力、燃气与水的生产和供应业	1.031	0.775	0.431
建筑业	0.548	0.770	1.118
服务业	0.703	0.885	1.166

总体来说，中国经济中总需水量在三个模拟情景下分别减少了 5.0 亿 m^3、5.2 亿 m^3 和 5.3 亿 m^3，约占生产总用水量的 1%。节省的水量可以重新分配到用水效率较高的部门，或回归到自然环境中使用，从而实现经济和环境双赢。实际 GDP 下降了 0.21%～0.23%。本书使用 Hicksian 等效变量（EV）分析了水费对居民福利的影响。等效变化，这是由 Hicks（1939）提出的衡量效用的方法，指在价格变动后，或商品质量改变后，抑亦或是引进新产品后，要达到初始效用所需要的额外资金。根据表 9-7 的结果，农村居民的等效变量（EV）在每个情景下分别减少了 0.99%、1.25% 和 1.63%，城镇居民则分别减少了 0.76%、1.05% 和 1.47%。这些结果表明水资源费征收会导致居民经济福利的下降。

政策制定者若想通过征收水资源费获得环境红利，必须权衡 GDP 的下降或福利的损失。这里的环境红利包括用水量的减少和水资源效率的提高。表 9-6 和表 9-7 的结果表明水资源费能够产生环境红利。虽然水资源费改变了生产、消费和贸易结构，但由于同时降低了 GDP 和居民福利，因而对经济红利产生了负面影响。根据双重红利理论（Pearce，1991；Repetto，1992），环境税的收入可以降低环境税中的经济成本。本书中，三种情景下政府收入分别增加了 3.322%、4.311% 和 5.839%。因此可以制定补贴政策通过政府的转移支付，提供给受影响的居民以抵消其经济福利遭受的损失。鉴于食品安全对中国庞大人口规模的重要性，政府增加的收入还可以用作生产补贴来投资节水灌溉技术和设备，从而避免农业生产的负面影响、保障粮食安全及减少农业家庭的福利损失。除了补贴，还可以通过降低其他税收（如所得税）以减少负面经济效应。本书并未通过情景设置良好分析水资源收入再支出的经济效益。不过一些实证研究表明，通过有效税费政策设计，双重红利是可以实现的（Letsoalo，2007）。

表 9-7　宏观经济变量模拟结果　　　　　　（单位:%）

指标	情景 1	情景 2	情景 3
工资率	−0.970	−1.098	−1.286
资本回报率	0.040	−0.079	−0.252
实际 GDP	−0.216	−0.222	−0.231
政府收入	3.322	4.311	5.839
CPI	1.718	2.204	2.978
农村居民福利（EV）	−0.985	−1.245	−1.625
城镇居民福利（EV）	−0.760	−1.047	−1.467
用水总需求	−0.967	−0.989	−1.005

191

9.5　主要结论与建议

本书提出了一个关于中国经济的静态 CGE 模型，模型中将水作为一种生产要素，模型评估了将水资源费作为水资源管理工具时，政策实施对整体经济的影响。研究设置三个情景，模拟了不同部门所受到的影响。通过收集来自不同数据源的数据、调试模型、建模和分析这些数据，得到模拟结果如下：水资源费征收可以重新分配部门间的用水量，并使生产、消费、增值收益以及贸易模式发生改变。水价增加会导致总产出、总出口、GDP 和家庭福利的下降。高耗水行业的产出和出口由于水费的增加而减少，具体来说，农业及相关部门的产出和出口下降最为显著。水资源费的征收能够降低用水总需求，缓解水资源短缺状况，并且使水向利用率高的部门重新分配。此外，任何水价政策应该考虑被征税的对象是谁，一些不被直接征收水资源费的部门仍然受到其他被收费部门的影响。高耗水行业的水资源费征收导致水重新分配到其他具有较高用水效率的部门中去。在中国，农业部门受到水资源费的影响最大，生产、消费和贸易模式以及福利方面的也会相应发生变化。

本书模拟结果表明，GDP 的下降小于用水量的下降幅度，福利损失也比用水量的减少幅度要大。通常政策制定者若想通过征收水资源费获得环境红利，必须权衡 GDP 的下降或福利的损失。要减轻水资源费征收的负面经济影响，需要考虑利用水资源费收入的再支出方式，因为利用政府增加的收入实施减免增值税、提供居民补贴等可以降低水资源费征收的负面经济影响（Letsoalo，2007）。

今后，本书需要从以下几方面进行进一步扩展。第一，水资源费征收变化情况下的福利损失引出的非线性响应问题，需要进一步在模型中考虑超额负担和公平性。第二，节省的水量可以回归自然供环境使用，同时水资源费收入也可以用来恢复由于过量用水导致的环境损害。因此，模型中可以加入有关环境福利效应的公式。第三，使用单一的用水和水资源数据集，忽略了数据的不确定性。第四，由于水资源在中国分布极不均匀，并且中国不同地区的经济发展也不平衡，因此仅用一个国家尺度模型无法充分体现地区间差异。第五，引入动态机制可以对长期的水政策影响进行更准确地分析。

第10章　中国煤炭环境成本内部化的经济影响分析

10.1　背　　景

煤炭是我国的主要能源和重要的战略物资，在我国能源结构中占据重要地位，对整个国家的经济发展起着举足轻重的作用。中国煤炭资源丰富，而石油、天然气的储量相对较低，一直以来的能源结构都是以煤为主。2011年原煤产量占能源总产量的77.8%，煤炭消费占总能源消费量的68.4%。随着经济的快速发展，中国早已成为了全世界煤炭开采量和消费量最大的国家。

21世纪以来，中国的煤炭开发利用量以年均2亿t的速度增长，2011年已突破35亿t，占世界的45%左右。中国煤炭产量由2000年的13.8亿t增长到2011年的35.1亿t（国家统计局，2012），11年间增长了135%。2011年全球煤炭产量增长6.1%，几乎全部来自非经合组织国家，中国（增长8.8%）贡献了69%的全球煤炭产量增长。中国不仅是煤炭开采大国，更是消费大国。煤炭消费量自2000年的14.1亿t增长到2011年的34.3亿t（国家统计局，2012），11年间增长了143%。2011年煤炭占全球能源消费的30.3%，在中国煤炭消费增长9.7%的拉动下，非经合组织的煤炭消费增幅达到8.4%，超过历史平均水平（BP集团，2012）。

对煤炭资源的大肆开发利用，其背后却隐藏着巨大的环境、社会代价。从开采到燃烧，煤炭使用过程中的每一步都留下了严峻的生态环境破坏和污染物排放问题，对可持续发展和人体健康构成了严重的威胁。在煤炭生产时，不可避免地排放废水、废气、煤矸石等废弃物，从而产生土地、空气、水源、土壤等环境污染与生态破坏，据调查研究，我国平均每开采出1万t煤炭造成的塌陷面积就为0.24hm²，破坏水资源量为2.48m³。在煤炭运输过程中，不仅耗损了大量煤炭，而且对周边环境造成了噪声、废气等污染，按我国年产12亿t煤计算，仅运输和堆存损耗即达3000多万t/a，相当于3个千万吨产量的大型矿务局全年的产量。煤炭使用过程中，燃烧产生的大量二氧化硫、氮氧化物和可吸入颗粒物，是中国空气污染的主要来源。在世界范围内，煤炭使用所导致的大量二氧化碳排放是气候变化的罪魁祸首。

要从根本上解决煤炭带来的一系列问题，必须对现有的煤炭价格体系进行彻底的改革，使所有的煤炭外部成本都能够真实地反映在煤炭价格当中，为整个煤炭市场提供一个没有扭曲的价格信号，从而实现煤炭的合理生产和消费。要实现这一目标，建立合理的煤炭价格形成机制是关键。在中国，除了缺乏有效的政策来反映煤炭的环境社会成本，煤炭开采、运输和使用环节造成的环境污染和生态破坏成本未能有效纳入煤炭的生产成本是造成煤炭价格扭曲的重要原因。《煤炭的真实成本》报告结论显示，仅 2007 年，我国煤炭开采、运输和使用造成的外部成本达到 17 450 亿元，相当于当年 GDP 的 7.1%（茅于轼等，2008）。煤炭价格体系改革并不是一个一蹴而就的过程，需要逐步推进"一揽子"煤炭外部成本内部化的政策措施，包括深化煤炭市场化改革、完善煤炭资源有偿使用制度、开征能源税和环境税以及改进责任规则等。

要使所有的煤炭外部环境成本都能够真实地反映在煤炭价格当中，就必须对煤炭开采、运输和使用各个环节的环境成本进行核算，为煤炭的环境成本内部化提供科学依据。同时，煤炭环境成本内部化的过程必然伴随煤炭价格的提高，进而给经济、居民消费和国际竞争力带来影响，改革进程必须充分考虑这些影响，从而设置合理的政策改进路线图。为此，本书首先建立煤炭全生命周期的环境成本核算框架，建立以治理恢复成本法和损害评估法为主的两套煤炭环境成本价值评估方法体系，对煤炭开采、运输和使用各个环节的环境污染和生态破坏外部成本进行核算，然后运用一般均衡模型（GREAT-E 模型）对煤炭价格改革给经济、居民消费、国际竞争力等带来的影响进行了定量分析，为将煤炭的环境成本纳入煤炭价格形成体系提供决策依据。

10.2　煤炭环境成本核算

10.2.1　基于生命周期的煤炭环境成本核算框架

针对目前我国煤炭开采引起的环境外部性问题，建立煤炭开采环境外部成本核算体系，界定相关外部成本的概念与范围，阐述核算基本思路，确定核算具体内容与方法，实现环境外部成本在煤炭开采成本中的真实体现。从煤炭生命周期出发，核算内容包括 3 个环节，即开采、运输及使用环节。在开采环节，煤炭开采环境成本主要表现在开采过程中产生大气、水、固废污染物对环境的污染及开采行为对生态的破坏。运输环节中，成本主要表现在煤炭公路、铁路及水运路途中对周边环境的污染。煤炭的用途较为广泛，主要作为燃料燃烧和炼焦，在燃烧与炼焦过程中产生大量的污染物是使用环节的环境成本来源。由于数据来源的限制，运输环节中暂不考虑公路运输对周边环境的影响，使用环节中只考虑燃煤造成的污染。

结合核算环节与核算内容，本章建立煤炭环境外部成本核算框架，并且通过对实物量与价值量进行核算，得到最终的核算结果。具体核算框架体系见图 10-1。

10.2.2 核算内容与核算方法

进行环境污染价值量核算，也就是核算环境污染成本。环境污染成本由污染治理成本和环境退化成本两部分组成。其中，污染治理成本是指目前已经发生的治理成本，在本文中指实际运行产生的费用。环境退化成本是指在目前的治理水平下，生产和消费过程中所排放的污染物对环境功能造成的实际损害。环境退化的估价主要有两种方法：一种是基于治理成本的估价方法，假设对污染物进行治理并使之消除，使环境"复原"到期初退化前的状态，以治理过程中需要的成本作为环境退化价值的估计值，即对虚拟治理成本的估算；二是基于环境损害评估的方法，经济活动排放污染物使环境发生退化，环境退化反过来又会对经济活动产生损害，即造成污染经济损失，假设环境没有退化，则不会发生这些损失，因此以污染损失来代替环境退化价值。显然，两种方法都是对环境退化价值的间接推算方法。环境治理成本和环境污染损失虽然都可用来反映环境退化价值，但前者是从成本的角度表示了设法矫正环境问题的努力，后者则代表环境问题的严重性，由于这两种估价方法的出发点不同，其测算结果在性质上存在差异，在数值上也将会有明显不同。本章主要利用损害评估法评价煤炭开采的外部环境成本，对于一些难以缺乏数据或者缺乏合适方法来评估环境损害价值的污染项，仍然使用一些基于恢复治理成本类（如恢复费用法）的方法来进行评估，代表污染造成的价值损失。表 10-1 给出了基于损害评估方法的煤炭环境外部成本的核算内容与方法。

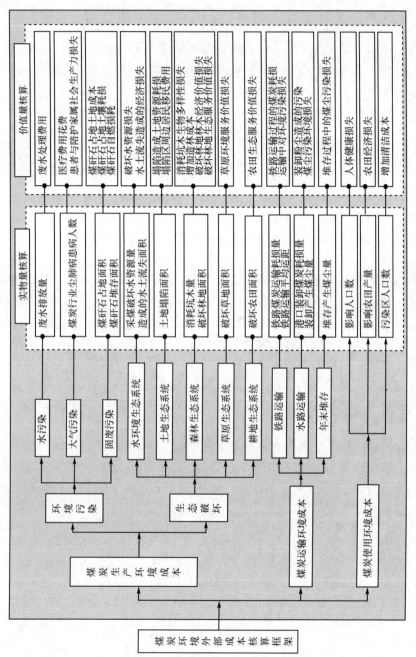

图10-1 煤炭外部环境成本核算框架体系

表 10-1 煤炭环境外部成本核算内容与方法

环节	污染项	价值量	核算方法
煤炭开采	水污染	矿井水排放废水的损失	恢复费用法
	大气污染	矿区职工尘肺病患病损失	人力资本法
	固废物污染	煤矸石堆存占地机会成本	机会成本法
		自燃煤矸石污染	恢复费用法
		煤矸石占地土壤损耗	恢复费用法
	水环境	水土流失	恢复费用法
		水资源破坏	影子价格法
	土地	地表塌陷土地资源耗损	恢复费用法
		塌陷造成移民搬迁	影子价格法
	森林	消耗坑木多样性损失	市场价值法
		占用林地木材损失	市场价值法
		林地生态服务价值损失	影子价格法、市场价格法
	草原	草原服务价值损失	影子价格法
	农田	农田服务价值损失	影子价格法
煤炭运输	铁路运输	铁路运输过程中煤炭损耗	市场价值法
		铁路运输过程中环境污染	机会成本法
	港口装卸	水路运输过程中煤炭损耗	市场价值法
		装卸过程中的煤尘污染	市场价值法
	煤炭堆存	煤炭年末库存产生煤尘污染	市场价值法
煤炭使用	大气污染损失	人体健康损失	人力资本法
		清洁费用增加	人力资本法
		农业损失	市场价值法

10.2.3 煤炭外部环境成本核算结果

通过参数确定与实物量、价值量的核算，基于成本核算得到的 2010 年煤炭环境外部成本如表 10-2 所示。

2010 年煤炭环境外部成本为 5555 亿元，其中生产、运输及使用环节为 2186 亿元、714 亿元及 2655 亿元，分别占总成本的 39%、13% 及 48%。在生产环节，生态破坏造成的外部成本 1221 亿元，占生产环节环境外部成本的 56%，生态破坏中森林生态系统破坏造成的成本最大，为 576 亿元，占生产环节环境外部成本的 26%，水、大气、固废污染造成的环境损失为 990 亿元，其中因开采造成尘肺病患者健康损失占比达到环境污染损失总成本的 94%；在运输环节，铁路运输过程中造成的环境外部成本 426 亿元，占运输环节成本的 60%；煤炭使用环节中，燃煤造成的人体健康损失为 2117 亿元，占到使用环节外部环境成本成本的 80%，占到整个煤炭生命周期外部环境成本的 38%。

2010 年每吨煤环境外部成本总共为 204.77 元，生产、运输及使用环节每吨煤成本分别为 67.68 元、52.04 元、85.04 元。在生产环节环境污染中，尘肺病患者社会生产力损失折算每吨煤成本为 14.81 元，占环境污染成本的 48%，林木经济损失吨煤成本占生态破坏成本的比例最大，为 16.40 元/t 煤；在运输环节，铁路运输环境污染吨煤成本为 27.28 元，占运输成本的 52%；在使用环节，燃煤造成的人体健康损失吨煤成本占使用吨煤成本最大，为 67.81 元/t 煤。

表 10-2　2010 年煤炭环境外部成本核算结果

环节	核算项		环境外部成本/万元	吨煤成本/(元/t)
煤炭生产	水污染	废水处理	314 295	0.97
	大气污染	医疗费用	2 300 000	7.11
		尘肺病患者社会生产力损失	4 790 000	14.81
		陪护家属社会生产力损失	2 250 000	6.96
	固废（煤矸石）污染	土壤耗损	526	0.002
		自燃损失	97 304	0.30
		占用土地	143 192	0.44
	水生态系统	水土流失	2 006 794	6.20
		水资源破坏	3 441 781	10.64
	土地生态系统	土地资源浪费	668 224	2.07
		移民费用	65 398	0.20
	森林生态系统	消耗坑木损失	4 984	0.02
		林木经济损失	5 306 694	16.40
		增加造林成本费用	11 848	0.15
		生态服务价值损失	434 337	1.34
	草原生态系统	草原环境服务损失	9 800	0.03
	农田生态系统	农田服务价值降损	14 282	0.04
	小计		21 859 459	67.68

续表

环节	核算项		环境外部成本/万元	吨煤成本/(元/t)
煤炭运输	铁路运输	运输中煤炭耗损	1 067 177	6.84
		过程中环境污染损失	4 256 591	27.28
	水路运输	装卸煤炭耗损	932 447	8.02
		装卸煤尘污染	871 935	7.50
	年末库存	堆存煤尘散发	13 150	2.40
	小计		7 141 300	52.04
煤炭使用	二氧化硫、氮氧化物、烟尘、粉尘等污染物	人体健康损失	21 173 231	67.81
		农田污染损失	5 039 417	16.14
		清洁费用增加	341 032	1.09
	小计		26 553 680	85.04
全生命周期总计			55 554 439	204.77

10.3 情景设置

199

本研究利用 GREAT-E 模型分析煤炭环境成本内部化措施对宏观经济、收入水平、产业结构、贸易结构和要素需求的影响。模型包含 1 个农业部门、30 个工业部门和 1 个建筑业部门、16 个服务业部门共 48 个生产部门。具体的部门分类列表见表 8-1 所示。为了研究煤炭生产、运输和使用各环节的环境成本内部化政策的经济影响，本书设置了 4 个情景，具体的情景设置如下：

（1）煤炭生产环节的环境成本内部化情景：假定对煤炭开采和洗选业征收的环境相关税费提高到每吨 67.68 元，其他行业税费水平不变，增加的税费假定全部流入政府账户。

（2）煤炭运输环节的环境成本内部化情景：假定对交通运输业征收的环境相关税费提高到每吨 52.04 元，其他行业税费水平不变，增加的税费假定全部流入政府账户。

（3）煤炭燃烧环节的环境成本内部化情景：假定对各煤炭消费行业征收的环境相关税费提高到每吨 85.04 元，增加的税费假定全部流入政府账户。

（4）全生命周期的煤炭环境成本内部化情景：假定对煤炭开采和洗选业征收的环境相关税费提高到每吨 67.68 元，对交通运输业征收的环境相关税费提高到每吨 52.04 元，对各煤炭消费行业征收的环境相关税费提高到每吨 85.04 元，增加的税费假定全部流入政府账户。

10.4 模拟结果与讨论

10.4.1 对主要宏观经济指标的影响分析

1. 对 GDP 的影响分析

煤炭外部环境成本内部化后将经济增长形成一定影响。从图 10-2 给出得模拟结果来看，煤炭开采环节的环境成本内部化将使 GDP 下降 0.048%，运输环节的环境成本内部化将使 GDP 下降 0.033%，煤炭燃烧产生的环境成本内部化将使 GDP 下降 0.076%，而煤炭全生命周期产生的环境成本全部内部化则会使 GDP 下降 0.157%。总体来看，煤炭开采各环节的环境成本内部化措施对实际 GDP 的影响非常小，但是基于全生命周期的环境外部成本完全内部化会对经济增长产生一定影响。

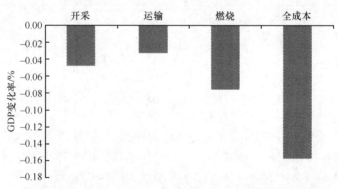

图 10-2 煤炭环境成本内部化政策对 GDP 的影响

2. 对 CPI 的影响分析

虽然煤炭环境成本内部化对 GDP 的影响比较小，但对 CPI 的影响较为明显。从图 10-3 给出得模拟结果来看，煤炭开采环节的环境成本内部化将使 CPI 上升 0.086%，运输环节的环境成本内部化将使 CPI 上升 0.069%，煤炭燃烧产生的环境成本内部化将使 CPI 上升 0.14%，而煤炭全生命周期产生的环境成本全部内部化则会使 CPI 上升 0.30%。这表明煤炭的环境成本内部化征收对 CPI 的推涨作用明显，这主要是因为煤炭开采环节的环境成本内部化推高了煤炭的开采成本，运输环节的环境成本内部化推高了煤炭的最终销售价格，而使用燃烧环节的环境成本内部化则增加了煤炭的使用成本。煤炭各环节的环境成本内部化总体上增加各行业企业的燃料成本，进而推动商品和服务价格上涨，并最终转嫁给消费者，会对居民福利产生负面影响。因此，政府在推进煤炭环境成本内部化改革时，应关注环境成本内部化对生产成本的影响，应该逐步推进煤炭的环境成本内部化，避免一步到位形成对物价上涨的过度冲击。同时，也可以考虑通过对清洁行业的税费减免和扶持新能源应用来减少煤炭消费量，从而谋取环境效益和经济效益的双重红利。

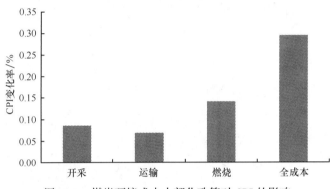

图 10-3　煤炭环境成本内部化政策对 CPI 的影响

3. 对收入分配的影响分析

煤炭环境成本内部化能够对收入分配产生显著影响，政府通过一些内部化的税费政策大幅增加了收入，但由于税费的转嫁显著减少了居民可支配收入。从图10-4 给出的模拟结果来看，煤炭开采、运输和燃烧环节的环境成本内部化将使居民总收入分别下降 0.89%、0.72% 和 1.46%，其中农村居民总收入分别下降 1.04%、0.83% 和 1.70%，城镇居民总收入分别下降 0.85%、0.69% 和 1.40%。全生命周期的煤炭环境成本内部化使居民总收入下降 3.0%，其中农村居民收入和城镇居民收入分别下降 3.49% 和 3.87%。这表明煤炭环境成本内部化措施会影响居民的收入，而且对农村居民的影响高于城镇居民，表明煤炭环境成本内部化措施对相对弱势的群体影响更为明显。从图10-4 给出的模拟结果来看，煤炭开采环节的环境成本内部化将使政府收入增加 1.71%，运输环节的环境成本内部化将使 CPI 政府收入增加 1.55%，煤炭燃烧产生的环境成本内部化将使政府收入增加 2.90%，而煤炭全生命周期产生的环境成本全部内部化则会使政府收入增加 6.03%。结果表明，煤炭环境成本内部化措施对收入分配有显著的负面影响，政府通过内部化的税费政策获取了大量的收入，但转嫁的内部化成本显著减少了居民收入，同时推高了消费品价格，弱势群体对物价上涨的承受能力更弱，因此我国的煤炭环境成本内部化改革必须考虑对居民福利的负面影响，需要相应的措施对冲煤炭环境成本内部化措施对收入分配的负面影响。由于居民作为煤炭各环节产生的环境污染和生态破坏的受害者，因此煤炭环境成本内部化措施中应设置相应的生态补偿政策，政府可以利用增加的收入对受害主体进行补偿，或者通过为弱势群体提供补贴来减少碳税征收给居民福利带来的负面影响。

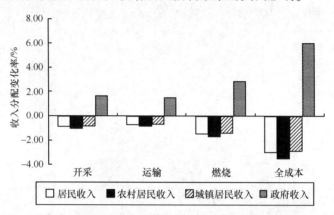

图 10-4 煤炭环境成本内部化政策对收入分配的影响

4. 对要素价格的影响

煤炭环境成本内部化措施能够降低要素需求价格。从图 10-5 给出的模拟结果来看，煤炭开采、运输和燃烧环节的环境成本内部化将使工资水平分别下降 0.14%、0.11% 和 0.21%，资本租金则分别下降 0.63%、0.60% 和 1.12%。煤炭全生命周期产生的环境成本全部内部化则会使工资水平和资本租金分别下降 0.45% 和 2.30%。这主要是因为煤炭环境成本内部化措施增加了企业的生产成本，抑制了企业生产规模特别是高耗能行业的生产规模扩张，从而降低了对要素的需求，导致要素价格的下降。同时，模拟结果也表明煤炭环境成本内部化措施对资本回报率的影响大于对劳动力价格影响。这是因为煤炭环境成本内部化主要影响高耗能产业的扩张，高耗能产业同时也是资本密集型产业，这些产业规模下降导致对资本需求的下降，从而使得资本租金出现了明显的下降。资本价格的回落有利于低耗能产业降低资本获取成本，政府可以通过出台相应的鼓励措施加快高端制造业、新兴服务业等行业的发展，吸收高耗能行业释放出的资本和劳动力等要素资源，进而降低煤炭环境成本内部化的负面影响，从而推动经济发展方式的改变、资源优化配置和产业结构调整升级。

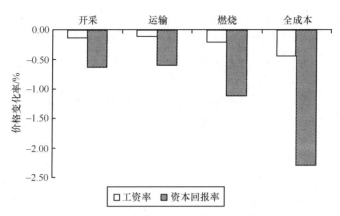

图 10-5　煤炭环境成本内部化政策对要素价格的影响

10.4.2　对行业生产结构的影响分析

煤炭环境成本内部化有利于产业结构调整,高煤耗产业扩张受到显著抑制,而低耗煤耗产业则增加在国民经济中所占的比重。图 10-6 给出了我国煤炭开采、运输、燃烧各环节环境成本内部化后各行业生产规模的变化百分比。就产出水平而言,煤炭环境成本内部化能够抑制煤炭消费强度大的行业;对于煤炭消费强度低的行业,煤炭环境成本内部化反而会促进其发展。

煤炭生产环节的环境成本内部化,不仅抑制煤炭开采和洗选业的产能规模,也能通过产业链将影响传递给下游产业。由于煤炭生产环节的环境成本内部化主要针对煤炭开采和洗选业,所以该行业所受影响首当其冲。从模拟结果看,煤炭生产环节的环境成本内部化后产出水平出现了3.27%的下降幅度。对于下游产业来讲,黑色金属矿采选业、有色金属矿采选业、食品及饮料行业、烟草制品业、服装鞋帽制造业、石油加工炼焦及核燃料加工业、黑色金属冶炼及压延加工业、电力和热力的生产与供应业、燃气生产和供应业、水的生产和供应业、居民服务和其他服务业等这些行业是规模下降较为明显的行业。通信、计算机及其他电子设备制造业,邮政业,研究与试验发展业、水利、环境和公共设施管理业,教育,文化体育和娱乐业,公共管理和社会组织等技术密集型和现代服务业部门则加快了发展速度。

煤炭运输环节的环境成本内部化措施主要影响对外运煤炭依赖比较大的行业。由于煤炭运输环节的环境成本内部化主要针对交通运输业,所以运输环节的环境成本内部化后交通运输业产出水平出现了1.04%的下降幅度。食品及饮料行业、烟草制品业、服装鞋帽制造业、皮革毛皮羽绒及其制品业、石油加工炼焦及

203

核燃料加工业、居民服务和其他服务业等对外运煤炭依赖比较大的行业也出现了产能规模下降的状况。同样地，一些技术密集型和现代服务业部门也因为高煤耗行业规模扩张受到抑制后，利用释放出的资本和劳动力等生产要素，实现了产能的扩张。

煤炭燃烧环节的环境成本内部化后，高耗煤产业在国民经济中的比重下降，低煤耗产业的比重上升。产出水平下降幅度较大的行业主要是煤炭开采和洗选业、黑色金属矿采选业、有色金属矿采选业、食品及饮料行业、烟草制品业、服装鞋帽制造业、皮革毛皮羽绒及其制品业、石油加工炼焦及核燃料加工业、黑色金属冶炼及压延加工业、电力和热力的生产与供应业、燃气生产和供应业、水的生产和供应业等高耗煤的工业行业以及居民服务和其他服务业。煤炭燃烧环节的环境成本内部化提高了煤炭的使用成本，推高了行业生产成本，从而抑制了这些行业的产能规模扩张。产出水平增加的主要是通信、计算机及其他电子设备制造业，邮政业，研究与试验发展业，水利、环境和公共设施管理业，教育，卫生、社会保障和社会福利业，文化、体育和娱乐业，公共管理和社会组织等高技术产业和现代服务业部门。这主要是因为一些高耗煤行业的行业规模扩张受到抑制后，资本和劳动力等生产要素被转移到了低煤耗的行业，特别是高技术和现代服务业部门。

全生命周期的煤炭环境成本内部化后，行业产业结构变化总体上呈现了煤炭各环节环境成本内部化影响的叠加结果，也就是高耗煤行业的产能扩张被显著抑制，而低耗煤行业则显著增长。产出水平下降幅度较大的行业主要是煤炭开采和洗选业、黑色金属矿采选业、有色金属矿采选业、食品及饮料行业、烟草制品业、石油加工炼焦及核燃料加工业、黑色金属冶炼及压延加工业、电力和热力的生产与供应业、燃气生产和供应业、水的生产和供应业等高耗煤的工业行业以及居民服务和其他服务业。产出水平增加的主要是通信、计算机及其他电子设备制造业，邮政业，研究与试验发展业，水利、环境和公共设施管理业，教育，卫生、社会保障和社会福利业，文化体育和娱乐业，公共管理和社会组织等高技术产业和现代服务业部门。与单个环节的煤炭环境成本内部化影响相比，这些产业下降或增长的幅度更大。这主要是因为这些行业大都是煤炭消费强度大的行业，各环节的环境成本内部化措施实际上最终都是推高了煤炭的使用成本，进而提高了高煤耗行业的生产成本，从而抑制了其产能扩张。高煤耗行业规模扩张受到抑制后，降低了对资本和劳动力等生产要素的需求，这些释放出的要素资源被转移到了低煤耗的行业，特别是高技术和现代服务业部门，从而加快了这些行业的发展。因此，煤炭的环境成本内部化措施能够更好地优化资源配置，促进产业结构转型升级，有效转变经济发展方式。同时，煤炭生产和消费的下降能够减少煤炭生产、运输和燃烧各环节带来的环境污染和生态破坏问题，从而取得极大的环境效益和健康效益。

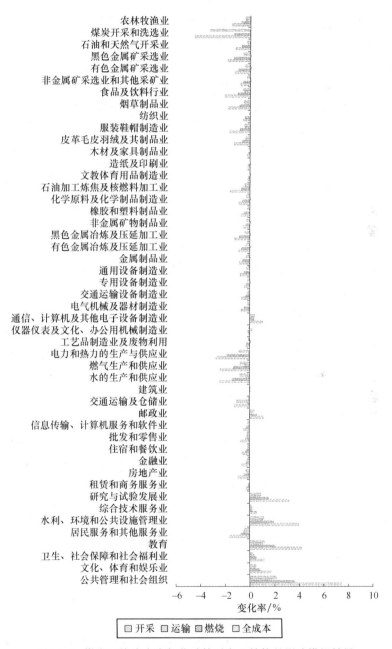

图 10-6　煤炭环境成本内部化政策对产业结构的影响模拟结果

10.4.3 对进出口贸易结构的影响分析

煤炭环境成本内部化后，高煤耗行业出口显著下降，低煤耗行业的出口竞争力显著提升，能够有效改变我国各行业的比较优势，优化贸易结构，降低出口产品的能源依赖度。图 10-7 列出了我国煤炭环境成本内部化后各行业出口的变化百分比。出口下降幅度最大的首先是煤炭开采和洗选业，因为开采环节的环境成本内部化显著增加了煤炭的生产成本，煤炭价格的上涨显著抑制了煤炭的出口。根据模拟结果，仅生产环节的环境成本内部化就是煤炭行业的出口下降了30.6%，全生命周期的环境成本内部化则使煤炭行业的出口下降了32.8%。另外一个下降明显的行业是交通运输业，煤炭出口的下降降低了对国际航运需求，从而使交通运输业的出口在全生命周期的煤炭环境成本内部化情景中下降10.7%。在下游产业中，黑色金属矿采选业、有色金属矿采选业、非金属矿采选业和其他采矿业、石油加工炼焦及核燃料加工业、化学原料及化学制品制造业、非金属矿物制品业、黑色金属冶炼及压延加工业、有色金属冶炼及压延加工业、金属制品业等行业的出口下降明显。这些行业都是高能耗行业，煤炭环境成本内部化增加了行业生产成本，产品价格的提高降低了这些行业的出口竞争力。出口规模增加的行业主要有通信、计算机及其他电子设备制造业，仪器、仪表及文化办公用机械制造业，工艺品制造业及废物利用，邮政业，信息传输、计算机服务和软件业，批发和零售业，住宿和餐饮业，金融业，租赁和商务服务业，研究与试验发展业，教育，卫生、社会保障和社会福利业，文化、体育和娱乐业，公共管理和社会组织等行业。这些行业都是低能耗行业，特别是很多行业都属于高科技和现代服务业，说明煤炭环境成本内部化有效改变了我国的出口贸易结构，在减少高耗能产品的出口的同时，大幅度增加技术密集型和现代服务业部门的出口，有效改变了我国"贸易顺差、能源逆差"的扭曲贸易结构。

由于煤炭环境成本内部化改变了国内生产结构和需求结构，国内商品供应和需求结构的变化进而导致进口商品结构也产生了相应的变化。图 10-8 列出了我国煤炭环境成本内部化后各行业进口的变化百分比。煤炭环境成本内部化后，由于国内煤价的上涨，进口煤炭大增以满足国内需求。根据模拟结果，煤炭的进口量增加超过10%。一些出口竞争力提高的行业，进口规模却出现了分化。一些行业如烟草制品业，纺织业，皮革毛皮羽绒及其制品业，仪器仪表及文化、办公用机械制造业、工艺品制造业及废物利用，信息传输、计算机服务和软件业，住宿和餐饮业，金融业，房地产业，租赁和商务服务业等行业出口增加但进口减少。这主要是因为煤炭环境成本内部化后，这些行业以较低的能耗水平提高了其

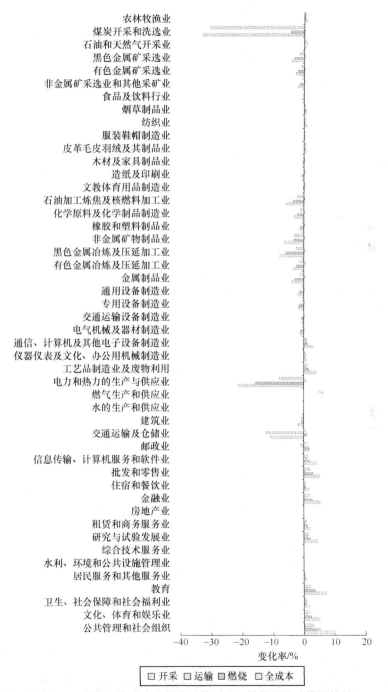

图 10-7 煤炭环境成本内部化政策对出口结构的影响模拟结果

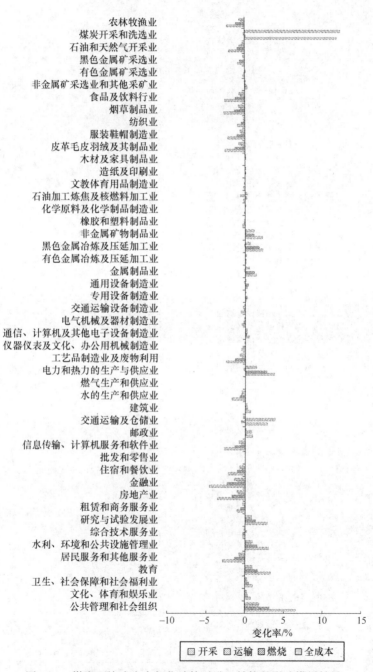

图10-8 煤炭环境成本内部化政策对进口结构的影响模拟结果

国际竞争力，从而对进口产品形成了有效替代。而另外一些行业如通信、计算机及其他电子设备制造业，研究与试验发展业，教育，卫生、社会保障和社会福利业，文化、体育和娱乐业，公共管理和社会组织等行业的进口水平则出现明显增加。这主要是因为这些行业的产能扩张也相应提高了对国外先进技术和装备的需求，从而增加了进口量。

10.4.4 对要素需求结构的影响分析

总体来看，煤炭环境成本内部化将促进劳动力和资本等要素从高耗能行业向低耗能特别是技术密集型和现代服务业部门转移，有效促进了资源的优化配置。图 10-9 给出了我国煤炭环境成本内部化后各行业劳动力需求的变化百分比。劳动力需求下降较多的主要行业有农林牧渔业、煤炭开采和洗选业、石油和天然气开采业、黑色金属矿采选业、有色金属矿采选业、食品及饮料行业、烟草制品业、服装鞋帽制造业、石油加工炼焦及核燃料加工业、化学原料及化学制品制造业、黑色金属冶炼及压延加工业、有色金属冶炼及压延加工业、电力和热力的生产与供应业、燃气生产和供应业、水的生产和供应业、房地产业、居民服务和其他服务业等。这些行业绝大多数是高耗能行业，煤炭环境成本内部化抑制了这些行业规模的扩张，从而降低对劳动力的需求。劳动力需求出现增长的行业主要有通信、计算机及其他电子设备制造业，仪器仪表及文化办公用机械制造业，邮政业，研究与试验发展业，水利、环境和公共设施管理业，教育，卫生、社会保障和社会福利业，文化、体育和娱乐业，公共管理和社会组织等技术密集型和现代服务业部门。主要是因为这些行业能耗低，煤炭环境成本内部化促进了这些行业的发展，可以吸纳高耗行业释放出的劳动力加快自身发展。

与劳动力需求结构的变化类似，煤炭环境成本内部化后资本要素也出现了从高耗能行业向低耗能特别是技术密集型和现代服务业部门转移的趋势。图 10-10 给出了我国煤炭环境成本内部化后各行业资本需求的变化百分比。资本需求下降较多的主要行业有煤炭开采和洗选业、黑色金属矿采选业、食品及饮料行业、烟草制品业、石油加工炼焦及核燃料加工业、电力和热力的生产与供应业、燃气生产和供应业、交通运输业、居民服务和其他服务业等。这些行业绝大多数是高耗能或者间接耗能水平较高的行业，煤炭环境成本内部化抑制了这些行业规模的扩张，从而降低对资本要素的需求。资本需求出现增长的行业主要有通信、计算机及其他电子设备制造业，仪器仪表及文化办公用机械制造业，邮政业，租赁和商务服务业，研究与试验发展业，综合技术服务业，水利、环境和公共设施管理业，教育，卫生、社会保障和社会福利业，文化、体育和娱乐业，公共管理和社会组织等技术密集型和现代服务

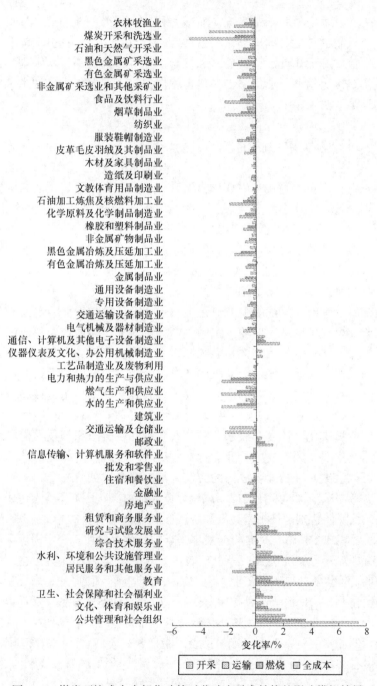

图 10-9　煤炭环境成本内部化政策对劳动力需求结构的影响模拟结果

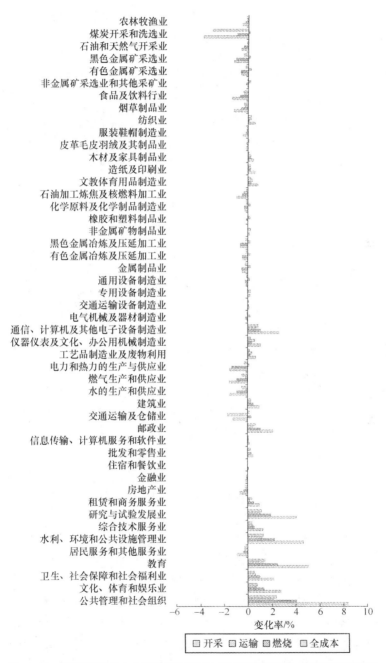

图 10-10 煤炭环境成本内部化政策对资本要素需求结构的影响模拟结果

业部门。主要是因为这些行业能耗低，煤炭环境成本内部化促进了这些行业的发展，可以吸纳高耗能行业释放出的资本，增加投资加快自身发展。

10.5　主要结论与建议

本章利用 GREAT-E 模型分析煤炭环境成本内部化措施对宏观经济、收入水平、产业结构、贸易结构和要素需求的影响。

煤炭环境成本内部化对我国 GDP 增长生产一定影响。模拟结果表明，煤炭开采、运输和使用各环节分别进行的环境成本内部化对中国宏观经济的影响较为有限，GDP 的下降在可承受的范围之内。但是全生命周期的煤炭环境成本完全内部化能够对 GDP 产生一定负面影响，使 GDP 出现超过 0.15% 的下降。

煤炭环境成本内部化会对收入分配产生显著影响，给居民福利改善带来负面影响。结果表明，煤炭环境成本内部化对收入分配有显著的负面影响，政府通过设置内部化的税费政策显著增加了收入，但转嫁的税费成本显著减少了居民福利，同时这些税费政策推高了消费品价格，弱势群体对物价上涨的承受能力更弱，因此我国的煤炭环境成本内部化改革必须考虑对居民福利的负面影响，需要相应的措施对冲内部化政策对收入分配的负面影响。

煤炭环境成本内部化能够优化产业结构。高耗能行业受到抑制，而技术密集型和现代服务业部门反而加快发展。这主要是因为煤炭环境成本内部化政策增加高耗能产业的生产成本，从而抑制这些行业的产能扩张。而技术密集型和现代服务业部门利用这些行业释放出的资本和劳动力等要素资源，加快自身发展，提高产业竞争力。

煤炭环境成本内部化政策有利于进出口贸易结构优化。高耗能行业出口受到抑制，技术密集型和现代服务业部门则增强了出口竞争力。这说明煤炭环境成本内部化政策有效改变了我国的出口贸易结构，在减少高耗能产品出口的同时，大幅度增加技术密集型和现代服务业部门的出口，有效改变了我国"贸易顺差、能源逆差"的扭曲贸易结构。由于煤炭环境成本内部化政策改变了国内生产结构和需求结构，国内商品供应和需求结构的变化进而导致进口商品结构也产生了相应的变化。

煤炭环境成本内部化能够优化资源配置。总体来看，煤炭环境成本内部化将促进劳动力和资本等要素从高耗能行业向低耗能特别是技术密集型和现代服务业部门转移，有效促进了资源的优化配置。这主要是煤炭环境成本内部化政策抑制了高耗能行业的产能扩张，降低了对劳动力和资本等要素的需求，释放出的劳动力和资本要素被转移到了技术密集型和现代服务业部门，从而促进了这些产业的发展，优化了产业结构。

参 考 文 献

财政部.2008a.中国金融年鉴2008.北京:中国金融出版社.

财政部.2008b.中国财政年鉴2008.北京:中国财政经济出版社.

财政部.2011.中国财政年鉴2011.北京:中国财政经济出版社.

财政部.2011.中国金融年鉴2011.北京:中国金融出版社.

邓祥征.2011.环境CGE模型及应用.北京:科学出版社.

段志刚.2004.中国省级区域可计算一般均衡建模与应用研究.武汉:华中科技大学博士学位论文.

范金,万兴.2007.投入产出表和社会核算矩阵更新研究评述.数量经济技术经济研究,(5):151-160.

高颖,何建武.2005.从投入产出乘数到SAM乘数的扩展.统计研究,22(12):49-52.

高颖,李善同.2008.含有资源与环境账户的CGE模型的构建.中国人口·资源与环境,18(3):20-24.

龚园喜.2007.基于改进的生产函数模型分析浙江省水资源经济效益.浙江水利水电专科学校学报,12(9):4-6.

郭菊娥,余小方,何建武.2005.基于陕西省产业结构比较优势的税收政策影响效应研究.科技进步与对策,12:48-51.

国家环保总局,国家统计局.2006.中国绿色国民经济核算研究报告2004.

国家税务总局.2008.中国税务年鉴2008.北京:中国税务出版社.

国家税务总局.2011.中国税务年鉴2011.北京:中国税务出版社.

国家统计局.2008.中国统计年鉴2008.北京:中国统计出版社.

国家统计局.2011a.中国统计年鉴2011.北京:中国统计出版社.

国家统计局.2011b.中国能源统计年鉴2011.北京:中国统计出版社.

国家统计局.2012.中国能源统计年鉴2012.北京:中国统计出版社.

国务院.2006.中华人民共和国国民经济和社会发展第十一个五年规划纲要.北京:人民出版社.

海关总署,2008.中国海关统计年鉴2008.北京:中国海关出版社.

韩瑞光.2011.海河流域推行最严格水资源管理制度的探讨.水利发展研究,(7):8-12.

何建武,李善同.2009.节能减排的环境税收政策影响分析.数量经济技术经济研究,(1):31-45.

何永秀,张松磊,刘硕,等.2009.中国电价调整经济影响的投入产出分析.华北电力大学学报(自然科学版),(2):94-99.

贺菊煌,沈可挺,徐嵩龄.2002.碳税与二氧化碳减排的CGE模型.数量经济技术经济研究,2002(10):39-41.

侯瑜.2006.理解变迁的方法:社会核算矩阵及CGE模型.沈阳:东北财经大学出版社.

胡宗义,刘亦文.2009.CGE模型在能源税收及汇率领域中的应用研究.长沙:湖南大学出版社.

环境保护部,国家统计局,农业部.2010.第一次全国污染源普查公报.

环境保护部.2008a.中国环境统计年报2007.北京:中国环境科学出版社.

环境保护部.2008b.2007年中国环境状况公报.

环境保护部环境规划院,国家信息中心.2008.2008—2020年中国环境和经济发展趋势分析和预测.北京:中国环境科学出版社.

黄卫来，张子刚.1997. CGE 模型参数的标定与结果的稳定性.数量经济技术经济研究.（12）：45-48.

黄英娜，王学军.2002. 环境 CGE 模型的发展及特征分析.中国人口·资源与环境，12（2）：34-39.

金艳鸣，雷明，黄涛.2007. 环境税收对区域经济环境影响的差异性分析.经济科学，（3）：104-113.

李洪心，付伯颖.2004. 对环境税的一般均衡分析与应用模式探讨.中国人口·资源与环境，14（3）：19-23.

李善同.2010. 2002 年中国地区扩展投入产出表：编制与应用.北京：经济科学出版社.

李善同，何建武.2010. 中国可计算一般均衡模型及其应用.北京：经济科学出版社.

李善同，李强，齐舒畅，等.1996. 中国经济的社会核算矩阵.数量经济技术经济研究，（1）：42-48.

梁丽.2010. 我国开征环境税：源起、机理与模式.财经问题研究，322（9）：84-88.

刘昌明，何希吾.1996. 中国 21 世纪水问题方略.北京：科学出版社.

刘德民，罗先武，许洪元.2011. 海河流域水资源利用与管理探析.中国农村水利水电，（1）：4-8.

茅于轼，盛洪，杨富强，等.2008. 煤炭的真实成本.北京：煤炭工业出版社.

庞军.2005. 奥运投资对北京市的环境与经济影响——基于动态区域 CGE 模型的模拟分析.北京：中国人民大学博士学位论文.

庞军，邹骥.2005. 可计算一般均衡模型在环境经济研究中的应用与展望.环境保护，（1）：49-54.

庞军，等.2008. 应用 CGE 模型分析中国正式燃油税的经济影响.经济问题探索，（11）：69-74.

秦昌才.2007. 社会核算矩阵及其平衡方法研究.数量经济技术经济研究，（1）：31-37.

秦长海，裴源生，张小娟.2010. 南水北调东线和中线受水区水价测算方法及实践.水利经济，（5）：33-49.

秦长海，甘泓，张小娟，等.2012. 水资源定价方法与实践研究 II：海河流域水价探析.水利学报，（4）：429-436.

秦长海，甘泓，汪林，等.2013. 海河流域水资源开发利用阈值研究.水科学进展，24（2）：220-227.

沈大军，梁瑞驹，王浩，等.1999. 水价理论与实践.北京：科学出版社.

沈大军，王浩，杨小柳，等.2000. 工业用水的数量经济分析.水利学报，（8）：27-31.

水利部.2004. 中国水资源公报.北京：中国水利水电出版社.

水利部.2008. 2007 年中国水资源公报.北京：中国水利水电出版社.

王灿，陈吉宁，邹骥.2005. 基于 CGE 模型的 CO_2 减排对中国经济的影响.清华大学学报（自然科学版），45（12）：1621-1624.

王京星.2005. 环境税收制度的价值定位及改革方向，西南政法大学学报，7（5）：82-87.

王其文，高颖.2008. 社会核算矩阵：原理、方法和应用.北京：清华大学出版社.

王铮.2010. 经济发展政策模拟分析的 CGE 计术.北京：科学出版社.

王铮，薛俊波，朱永彬，等.2010. 经济发展政策模拟分析的 CGE 技术.北京：科学出版社.

魏巍贤.2009. 基于 CGE 模型的中国能源环境政策分析.统计研究，26（7）：3-13.

武亚军，宣晓伟.2002. 环境税经济理论及对中国的应用分析.经济科学出版社.

杨朝飞，里杰兰德.2012. 中国绿色经济发展机制和政策创新研究.北京：中国环境科学出版社.

杨岚，毛显强，刘琴，等.2009. 基于 CGE 模型的能源税政策影响分析.中国人口·资源与环境，19（02）：24-30.

于伟东.2008. 海河流域水平衡与水资源可持续开发利用分析与建议.水文，28（3）：79-82.

张炎治，聂锐.2008. 能源强度的指数分解分析研究综述.管理学报，（5）：647-650.

张志霞，秦昌波，贾仰文，等.2012. 缺水地区水资源经济价值的异同辨析——以北京市和陕西省为例.中国人口·资源与环境，（10）：19-25.

赵博，倪红珍.2009. 基于 CGE 模型的北京水价改革影响研究.变化环境下的水资源响应与可持续利用——中国水利学会水资源专业委员会2009学术年会论文集.

赵永, 王劲峰. 2008. CGE 模型及其经济政策分析. 北京：中国经济出版社.

郑玉歆, 樊明太. 1999. 中国 CGE 模型及政策分析. 北京：社会科学文献出版社.

BP 集团, 2012. BP 世界能源统计 2012. http：//bp. com/statisticalreview.

Roland-Holst D, Van derMensbrugghe D. 2009. 政策建模技术——CGE 模型的理论与实现. 李善同, 段志刚, 胡枫译. 北京：清华大学出版社.

Abler D, Rodriguez A G, Shortle J S. 1999. Parameter uncertainty in CGE modeling of the environmental impacts of economic policy. Environmental and Resource Economics, 14：75-94.

Adelman I, Robinson S. 1978. Income distribution policy in developing countries：a case study of Korea. Standford, California：Standford University Press.

Adelman I, Robinson S. 1982. Income distribution policy in developing countries. Oxford：Oxford University Press.

Agudelo J I. 2001. The Economic Valuation of Water：Principles and Methods. Value of Water Research Report series 5. IHE Delft, The Netherlands.

Ahluwalia M S, Lysy F J. 1981. Employment, Income Distribution, and Programs to Remedy Balance-of-Payments Difficulties, W. R. Cline & S. Weintraub, eds., Economic Stabilization in Developing Countries, Washington, D. C., Brookimgs Institution.

Alan S, Manne. 1976. ETA：A Model for Energy Technology Assessment, Bell Journal of Economics, The RAND Corporation, 7（2）：379-406, Autumn.

Alfsen K H, Bye T A, Holmøy, E. 1996. MSG-EE：an applied general equilibrium model for energy and environmental analyses. Social and Economic Studies. Oslo：Statistics Norway.

Allan J A. 1998 Virtual water：a strategic resource Global solutions to regional deficits. Ground Water, 36（4）：545-546.

Ang B W. 2004. Decomposition analysis for policymaking in energy：which is the preferred method? . Energy Policy, 32（9）：1131-1139.

Ang B W. 2005. The LMDI approach to decomposition analysis：a practical guide. Energy Policy, 33（7）：867-871.

Armington P A. 1969. A theory of demand for products distinguished by place of production. IMF Staff Papers, 16（1）：159-178.

Aronson J, Blignaut J, Milton J, et al. 2006 Natural capital：the limiting factor. Ecological Engineering, 28：1-5.

Arrow K J, Chenery H B, Minhas B S, et al. 1961. Capital-labor substitution and economic efficiency. The Review of Economics and Statistics, 43（3）：225-250.

Ashton P J, Haasbroek B. 2002. Water demand management and social adaptive capacity：a South African case study// Turton A R, Henwood R. Hydropolitics in the developing world：a southern African perspective. African Water Issues Research Unit（AWIRU）and International Water Management Institute（IWMI）. Pretoria, South Africa.

AshtonP J, Seetal A R. 2002. Challenges of water resources management in Africa//Baijnath H, Singh Y. Rebirth of science in Africa-a shared vision for life and environmental sciences. Pretoria：Umdaus Press.

Ayres R U, Kneese A V. 1969. Production, consumption and externalities. American Economic Review, 59（3）：282-297.

Ballard C, Goulder L. 1985. Consumption taxes, foresight, and welfare：a computable general equilibrium analysis. Cambridge：Cambridge University Press.

Ballard C L, Fullerton D, Shoven J, et al. 1985. A General Equilibrium Model For Tax Policy Evaluation. Chicago and London: The University of Chicago Press.

Baumol W J, Oates W E. 1988. The theory of environmental policy. Cambridge: Cambridge University Press.

Baumol W J, Oates W. E. 1975. The theory of environmental policy: Externalities, public outlays, and the quality of life. Prentice-Hall (Englewood Cliffs, N. J).

Bergman L, Henrekson M. 2003. CGE Modeling of Environmental Policy and Resource Management. Stockholm School of Economics working paper.

Bergman L. 1990. The development of computable general equilibrium modeling//Bergman L, Jorgenson D W, Zalai E. General equilibrium modeling and economic policy analysis. Cambridge and Oxford: Basil Blackwell.

Bergman L. 1991. General equilibrium effects of environmental policy: a CGE-modeling approach. Environmental and Resource Economics 1991, 1: 43-61.

Bovenberg L A, de Mooij R A. 1994. Environmental levies and distortionary. Taxation. The America Economic Review, 84 (4): 1085-1089.

Brown L, Halweil B. 1998. China's water shortage could shake world food security. World Watch, (7/8): 11-21.

Browning E K, Zupan M A. 2006. Microeconomics: Theory and Application. (9e) Willey, Sussex, UK.

Bruvoll A, Glomsrod S, Vennemo H. 1999. Environmental drag: evidence from Norway. Ecological Economics, 30 (2): 235-249.

Burniaux J M, Martin J P, Martins J O. 1992. GREEN: a global model for quantifying the cost of policies to curb CO_2 emissions. OECD Economic Studies, (19) 49-92.

Bye B. 2000. Environmental tax reform and producer foresight: an intertemporal computable general equilibrium analysis. Journal of Policy Modeling, 22 (6): 719-752.

Byron R P. 1978. The Estimation of Large Social Account Matrices. Journal of the Royal Statistical Society, Series A, 141 (3): 359-367.

Böhringer C, Pahlke A. 1997. Environmental tax reforms and the prospects for a double dividend The Energy Journal, Special Issue: The Costs of the Kyoto Protocol: A Multi-Model Evaluation.

Calzadilla A, Rehdanz K, Tol R. 2010. The economic impact of more sustainable water use in agriculture: a computable general equilibrium analysis. Journal of Hydrology, 384: 292-305.

Chen X, Zhang D, Zhang E. 2002. The south to north water diversions in China: review and comments. Journal of Environmental Planning and Management, 45 (6): 927-932.

Conrad S, Drennen T, Engi D, et al. 1998. Modeling the infrastructure dynamics of China—water, agriculture, energy, and greenhouse gases. Albuquerque, NM: Sandia National Laboratories.

De Fraiture C, Cai X, Amarasinghe U, et al. 2004. Does international cereal trade save water? The impact of virtual water trade on global water use. Colombo, Sri Lanka: Comprehensive Assessment Research Report 4.

Debreu G. 1959. Theory of walue. cowles roundation. New York: John Wiley, Sons.

Debreu. 1959. Theory of value, an axiomatic analysis of economic equilibrium. New Haven: Yale University Press.

Decaluwe B, Martens. 1998. A CGE modeling and developing economies: a concise empirical survey of 73 applications to 26 countries. Journal of Policy Modeling, 10 (4): 529-568.

Decaluwé B, Patry A, Savard L. 1999. When water is no longer heaven sent: comparative pricing analyzing in an AGE model. Working paper 9908, CRÉFA 99-05, University of Laval.

DeHaan M, Keuning S J, Bosch P. 1993. Intergrating indicators in a national accounting matrix including environmental accounts, NA 060, Voorburg: Central Bureau of Statistics.

参 考 文 献

Dellink R. 2000. Dynamics in an applied general equilibrium model with pollution and abatement. Global Economic Analysis Conference. Melbourne.

Dellink R. 2005. Modelling the costs of environmental policy: a dynamic applied general equilibrium assessment. Cheltenham: Edward Elgar.

Dellink R, Van Ierland E. 2004. Pollution abatement in the Netherlands: a dynamic applied general equilibrium assessment, Nota di Lavoro 74, CCMP-Climate Change Modeling and Policy, Environmental Economics and Natural Resources Group, Wageningen University.

Dellink R, Van Ierland E. 2006. Pollution abatement in the Netherlands: a dynamic applied general equilibrium assessment. Journal of Policy Modeling, 28 (2): 207-221.

Dellink R, Hofkes M W, Van Ierland E, et al. 2003. Dynamic modeling of pollution abatement in a CGE framework. Economic Modeling, 21 (6): 965-989.

Dellink R B, Finus M, Van Ierland E C, et al. 2004. Empirical background paper of the STACO model. http: // www. enr. wur. nl/uk/staco.

Dervis K, De Melo J, Robinson S. 1982. General equilibrium models for development policy. Cambridge: Cambridge University Press.

Devarajan S. 1988, Natural Resources and Taxation in Computable General Equilibrium Models of Developing Countries, Journal of Policy Modeling, 10 (4): 505-528.

Devarajan S, Robinson S. 2002. The influence of computable general equilibrium models on policy. TMD discussion papers 98, International Food Policy Research Institute (IFPRI).

Development Research Center of the Ministry of Water Resources. 2003. The building cost analysis in the water price for South-to-North Water Transfer. China Water Resources.

Diao X, Roe T, 2003. Can a water market avert the "double-whammy" of trade reform and lead to a "win-win" outcome? . Journal of Environmental Management and Economics, 45: 708-723.

Diao X, Roe T, Doukkali R. 2002. Economy-wide benefits from establishing water user-right markets in a spatially heterogeneous agricultural economy. Working Paper, Department of Applied Economics, University of Minnesota.

Diao X, Roe T, Doukkali R, 2005. Economy-wide gains from decentralized water allocation in a spatially heterogeneous agricultural economy. Environment and Development Economics, 10: 249-269.

Diao X, Dinar A, Roe T, et al. 2008. A general equilibrium analysis of conjunctive ground and surface water use with an application to Morocco. Agricultural Economics, 38: 117-135.

Dufournaud M, Harrington J, Rogers P. 1988. Leont ief. s environmental repercussions and the economic structure revisited: a general equilibrium formulation. Geographical Analysis, 4: 318-327.

Ezaki M. 2006. CGE Model and its Micro and Macro Closures Masayuki Doi Computable general equilibrium approaches in urban and regional policy studies. Singapore: World Scientific Pulishing Co. Pte. Led.

Fang X, Roe T, Smith R. 2006. Water shortages, water allocation and economic growth: the case of China. Conference paper at the 10th Joint Conference on Food, Agriculture and the Environment, Duluth, Minnesota: 27-30.

Fofona I, Lemelin A, Cockburn J. 2005. Balancing a social accounting matrix: theory and application. Centre Inter-universitaire sur le Risque les Politiques Economiques et L'Emploi (CIRPEE).

Førsund F R, Hoel M S, Longva. 1985. Production, multi-sectoral growth and planning. Amsterdam: North-Holland.

Gatto E, Lanzafame M. 2005. Water resource as a factor of production: water use and economic growth. Paper presented at the 45th ERSA Conference. Amsterdam.

General Administration of Customs. 2008. Customs statistics yearbook 2008. Beijing: China Customs Press.

Ginsburgh V, Waelbroeck J. 1984. Planning models and general equilibrium activity analysis. ULB Institutional Repository 2013/1925.

Global Environmental Facility. 2008. GEF project report: integrated water resources and environmental management (IWEM).

Goulder L H, Schneider S H. 1999. Induced tecnical change and the attractiveness of CO_2 abatement policies. Resource and Energy Economics, 21 (2-3): 211-253.

Gruver Gene, W, Xu D. 1994. Availability Optimal Location and Production: A Profit Function Analysis in Cartesian Space, Journal of urban economics, 35 (1): 46-70.

Gunning J W, Keyzer M A. 1995. Applied general equilibrium models for policy analysis//Behrman J, Srinivasan T N., Handbook of development economics. Amsterdam: North-Holland.

Hatano T, Okuda T. 2006. Water resource allocation in the Yellow River basin, China applying a CGE model, available on the website: http: // www. iioal org/pdf/ Intermediate 22006/ Full % 20 paper2 Hatano1 pdf, 20061.

Hazilla M, Kopp R J. 1990. Social cost of environmental quality regulations: a general equilibrium analysis. Journal of Political Economy, 98 (4): 853-873.

He Y X, Zhang S L, Yang L Y, et al. 2010. Economic analysis of coal price—electricity price adjustment in China based on the CGE model. Energy Policy.

Heckscher E F. 1919. The effect of foreign trade on the distribution of income. Ekonomisk Tidskrift, 21: 1-32.

Henderson Y K. 1989. TaxModelling in the Last Five Years, paper presented at the NBER Workshop on Applied General Equilibrium Modeling, San diego, September 8-9.

Hicks J R. 1939. Value and capital: an inquiry into some fundamental principles of economic theory. New York: Oxford Universit Press.

Hildreth C, Houck J P. 1968. Some estimators for a linear model with random coefficients. Journal of American Statistical Association, 63 (332): 583-594.

Hill M. 2001. Essays on environmental policy analysis: computable general equilibrium approaches applied to Sweden, PhD dissertation, Stockholm School of Economics.

Hoekstra A Y, Hung P Q, 2002. Virtual water trade: A quantification of virtual water flows between nations in relation to international crop trade//UNESCO-IHE. Value of water research report series. Institute for Water Education, Delft.

Hoekstra A Y, Chapagain A K. 2007. "Water footprints of nations: water use by people as a function of their consumption pattern". Water Resources Management, 21 (1): 35-48.

Horridge M, Dixon P, Rimmer M. 1993. Water Pricing and investment in Melbourne: general equilibrium analysis with uncertain stream flow. Centre of Policy Studies/IMPACT Centre Working Papers ip-63. Monash University, Centre of Policy Studies/IMPACT Centre.

Hou H. 1991. Resolving problems of water shortage in China. International Journal of Social Economics, 18 (9): 167-173.

Hudson E A, Jorgenson D W. 1975. U. S. Energy Policy & Economic Growth 1975-2000, Bell Journal of Economics and Management Science, 5 (2): 461-514, Autumn.

Hueting R. 1996. Three persistent myths in the environmental debate. Ecological Economics, 18: 81-88.

Jaynes E T. 1957. Information theory and statistical mechanics. Physical Review, 106 (4): 620-630.

参 考 文 献

Jennifer C. 2002. A 1998 social accounting matrix (SAM) for thailand. Washington D C: International Food Policy Research Institute.

Johansen L. 1960. A multi-sectoral study of economic growth. Amsterdam: North-Holland.

Jorgenson D W. 1990. Aggregate consumer behavior and the measurement of social welfare, econometrica. Econometric Society, 58 (5): 1007-1040.

Jorgenson D W. 1998a. Growth. Volume 1: Econometric general equilibrium modeling. Cambridge: The MIT Press.

Jorgenson D. W. 1998b. Growth. Volume 2: Energy, the environment and economic growth. Cambridge: The MIT Press.

Jorgenson D W, Wilcoxen P J. 1993. Reducing U S carbon emissions: an econometric general equilibrium assessment. Resource and Energy Economics, 14: 243-268.

Juana J S, Strzepedk K M, Kirsten J F. 2009. The economic consequences of the impact of climate change on water resources in South Africa. Beijing: International Association of Agricultural Economists Conference.

Kehoe T, Manresa A, Noyola P J, et al. 1988. A genenral equilibrium analysis of the 1986 tax reform in Spain. European Economic Review, (32): 334-342.

Kehoe T, Polo C, Sancho F. 1995. An evaluation of the performance of an applied general equilibrium model of the Spanish economy. Economic Theory, 6 (1): 115-141.

Keuning S. 1993. National accounts and the environment: the case for a system's approach National Accounts Occasional Paper No. NA-053 (Netherlands Central Bureau of Statistics)

Leontief W. 1970. Environmental repercussions and the economic structure: an input-output approach. Review of Economics and Statistics, 52 (3, August): 262-271.

Leontief W. 1980. The world economy of the year 2000. Scientific American, 243: 207-231.

Leontief W, Ford D. 1972. Air pollution and economic structure: empirical results of input-output computations// Brody A, Carter A P. Input-output techniques. New York: American Elsevier.

Letsoalo A, Blignaut J, De Wet T, et al. 2007. Triple dividends of water consumption charges in South Africa. Water Resources Research, 43: W05412.

Letsoalo A, et al. 2007. Triple dividends of water consumption charges in South Africa. Water Resources Research, 43, W05412, doi: 10.1029/2005WR004076, 2007.

Liu C, He W. 1996. Zhongguo 21 shiji shui wenti fanglue (Strategies for China's Water Problems in the 21st Century), Beijing: Kexue Chubanshe House.

Lluch C, Powell A, Williams R. 1977. Patterns in Household Demand and Savings. New York: Oxford University Press.

Malik R P S. 2008. Towards a common methodology for measuring irrigation subsidies. Discussion Paper. Prepared for the Global Subsidies Initiative of the International Institute for Sustainable Development.

Mansur A, Whalley J. 1984. Numerical specification of applied general equilibrium models: estimation, calibration and data//Scarf H E, Shoven J B. Applied general equilibrium analysis. Cambridge: Cambridge University Press.

McKibbin W J, Wilcoxen P J. 1995. The theoretical and empirical structure of the G-Cubed model. Brookings Discussion Papers in International Economics # 18. The Brookings Institution. Washington D C.

Mäler K G. 1974. Environmental Economics: a Theoretical Inquiry, Baltimore, Johns Hopkins University Press.

Nestor D V, Pasurka C A. 1995. CGE model of pollution abatement processes for assessing the economic effects of environmental policy, Economic Modelling, 12 (1): 53-59.

Nordhaus W D. 1994. Managing the global commons: the economics of climate change. Cambridge: The MIT Press.

O'Ryan, Carlos J, de Miguel, et al. 2005. A Cge Model for Environmental and Trade Policy Analysis in Chile: Case Study for Fuel Tax Increases, Documentos de Trabajo 211, Centro de Economíc Aplicada, Universidad de Chile.

Ohlin B. 1933. Interregional and international trade. Cambridge, MA.

Pearce D. 1991. The role of carbon taxes in adjusting to global warming. Economic Journal, 101 (407): 938-948.

Pereira A. 1988. DAGEM: A dynamic applied general equilibrium model for tax policy evaluation, Working Paper 8-17. San Diego: University of California.

Persson A, Munasinghe M. 1995. Natural resource management and economic policies in Costa Rica: a computable general equilibrium (CGE) approach. The World Bank Economic Review, 9 (2): 259-85.

Pezzey J. 1992. Analysis of unilateral CO_2 control in the European community and OECD. The Energy Journal, 13 (3): 159-171.

Philippidis G. 1999. Computable general equilibrium modelling of the common agricultural policy. Ph. D Thesis, University of Newcastle.

Phuwanich L, Tokrisna R. 2007. Economic policies for efficient water use in Thailand. Soc. Sci, 28: 367-376.

Powell A, Gruen F H G. 1968. The constant elasticity of transformation production frontier and linear supply system. International Economic Review, 9 (3): 315-328.

Qin C, Bressers H J A, Su Z, et al. 2011. Economic impacts of water pollution control policy in China: A dynamic computable general equilibrium analysis. Environmental Research Letters 6 044026 doi: 10.1088/1748-9326/6/4/044026.

Qin C, Jia Y, Su Z, et al. 2011. The economic impact of water tax charges in China: a static computable general equilibrium analysis. Water International, 37 (3): 279-292.

Repetto R, Dower R C, Jenkins R, et al. 1992. Green fees: how a tax shift can work for the environment and the economy. World Resources Institute.

Robillard A S, Robinson S. 1999. Reconciling household surveys and national accounts data using a cross entropy estimation method. IFPRI, Discussion Paper No 50.

Robinson S. 1988. Multisectoral Models for Developing Countries: A Survey, in H. B. Chenery and T. N. Srinivasan (eds.), Handbook of Development Economics, North-Holland, Amsterdam.

Robinson S. 1989. Computable General Equilibrium Models of developing countries: Stretching the Neoclassical Paradigm, paper presented at the NBER Workshop on Applied General Equilibrium Modeling, San diego, September 8-9.

Robinson S. 1990. Pollution, Market Failure, and Optimal Policy In an Economy-wide Framework. Working Paper no. 559. Department of Agricultural and Resource Economics. Berkeley: University of California.

Robinson S, Tyson L. 1985. Foreigan Trade, Resource Allocation, and Structural Adjustment in Yugoslavia: 1976-1980. Journal of Comparative Economics, 9: 46-70.

Robinson S, EI-Said M. 2000. GAMS code for estimating a social accounting matrix (SAM) using cross entropy (CE) methods. IFPRI, TMD Discussion Paper, 64.

Robinson S, Cattaneo A, EI-Said M. 1998. Estimating a social accounting matrix using cross entropy methods. IFPRI, Discussion Paper No 33.

Robinson S, Cattaneo A, EI-Said M. 2000. Updating and estimating a social accounting matrix using cross entropy methods. IFPRI, Discussion Paper No 58.

Robinson S, et al. 1999. From stylized to applied models: building multi-sector CGE models for policy analysis. The North American Journal of Economics and Finance, (1): 5-38.

参 考 文 献

Rosegrant M W, Cai X, Cline S A. 2002. World water and food to 2025: dealing with scarcity. Washington D C: International Food Policy Research Institute.

Rutherford R T. 1998. Economic equilibrium modeling with GAMS: an introduction to MS/MCP and GAMS/MPSGE. Draft monograph. www. gams. com/doc/solver/mpsge. pdf.

Rutherford T F. 1992. The welfare effects of fossil carbon restrictions: results from a recursively dynamic trade model. OECD Economics Department Working Papers, 112.

Rómulo A C, Klaus S-H. 2005. General equilibrium models: an overview, central banking, analysis, and economic policies book series//Rómulo A C, Klaus S-H, Norman L, et al. General equilibrium models for the chilean economy. edition 1. Central Bank of Chile: 001-027.

Sancho F. 2009. Calibration of CES functions for real-world multisectoral modelling. Economic Systems Research, 21: 45-58.

Seung C, Harris T, Englin J, et al. 2000. Impacts of water reallocation: a combined computable general equilibrium and recreation demand model approach. Annals of Regional Science, 34: 473-487.

Shannon C E. 1948. A mathematical theory of communication. Bellsystem Technical Journal, 27: 279-423.

Shi P. 1997. China's water crisis: difficulties and policies. Strategy and Management, (6): 40-47.

Shoven J B, Whalley J. 1984. Applied general-equilibrium models of taxation and international trade: an introduction and survey. Journal of Economic Literature, American Economic Association, 22 (3): 1007-1051.

Smajgl A, Greiner R, Mayocchi C. 2006. Estimating the implications of water reform for irrigators in a sugar growing region. Environmental Modelling &Software, (21): 1360-1367.

Stone J R N, Giovanna S. 1977. National Income and Expenditure, 10th ed. London: Bowes and Bowes.

Stone R. 1954. Linear expenditure systems and demand analysis: an application to the pattern of British demand. Economic Journal, 64 (255): 511-527.

Stone R, Brown A. 1962. A computable model for economic growth. Cambridge: Cambridge Growth Project.

Susangkarn C, Kumar R. 1997. A computable general equilibrium model for Thailand incorporating natural water use and forest resource accounting. Asian-Pacific Economic Literature, 12 (2): 196-209.

Taxation. American economic review. 94: 1085-1089.

Taylor L, Lysy F. 1979. Vanishing Income Redistributions: Keynesian Clues about Model Surprises in the Short Run Journal of Development Economics, 6: 11-29.

Theil H. 1967. Economics and Information Theory. Studies in Mathematical and Managerial Economics, 7, Rand McNally & Company, Chicago.

Tinbergen J. 1962. Shaping the world economy: suggestions for an international economic policy. New York: The Twentieth Century Fund. The first use of a gravity model to analyze international trade flows.

Unemo L. 1995. Environmental impact of governmental policies and external shocks in Botswana: a computable general equilibrium approach//Perringer C A, et al. Biodiversity Conservation. Amsterdam: Kluwer.

United Nations. 1997. China: water resources and their use. New York: .

United Nations. 2003. Integrated Environmental and Economic Accounting 2003. http: //unstats. un. org/unsd/envaccounting/seea2003. pdf.

Whalley J. 1975. A general equilibrium assessment of the 1973 United Kingdom tax reform. Economica, 42 (166): 139-166.

Whalley J. 1989. General Equilibrium Modeling in the Last Five Years, paper presented at the NBER Workshop on

Applied General Equilibrium Modeling, San diego, September 8-9.

Whalley J, Mansur A. 1984. Numerical specification of applied general equilibrium models: estimation, Ccalibration and data//scarf H E, Shoven J B. Applied general equilibrium analysis. Cambridge: Cambridge University Press: 69-127.

Willenbockel D. 2006. Structural effects of a real exchange rate revaluation in China: a CGE assessment. Munich: MPRA Paper 920, University Library of Munich.

World Bank. 2001a. China: agenda for water sector strategy for North China. World Bank Report No. 22040-CHA, Washington D C: World Bank.

World Bank. 2011b. China: country water resources assistance strategy. The World Bank, East Asia and Pacific Region.

Xia J, Deng Q, Sun Y. 2010. Integrated water and CGE model of the impacts of water policy on the Beijing's Economy and Output. Chinese Journal of Population, Resources and Environment, 8 (2): 61-67.

Xie J. 1996. Environmental Policy Analysis. Aldershot: Ashgate Publishing Company.

Xie J, Saltzman S. 2000. Environmental policy analysis: an environmental computable general equilibrium model for developing countries. Journal of Policy Modeling, 22 (4): 453-489.

Xue X M. 1998. Calculation and comparison study of CO_2 emission from China's energy consumption Environ. Protect. 4: 27-28.

Yang H, Zehnder A. 2001. China's regional water scarcity and implications for grain supply and trade. Environmental and Planning A, 33 (1): 79-95.

Zhai F, Hertel T. 2005. Impact of the Doha development agenda on China: the roel of labor markets and complementary education reforms. Washington D C: World Bank Policy Research Working Paper 3702.

Zhang S, Jia S. 2003. Water balance and water security study in the Haihe basin. Journal of Natural Resources, 18 (6): 684-691.

Zhang X G. 2006. Armington elasticities and terms of trade effects in global CGE models. Productivity Commission Staff Working Paper. Melbourne.

Zheng Y, Fan M. 1999. Chinese CGE model and policy analysis. Beijing: Social Sciences Academic Press.

Zhuang J. 1996. Estimating distortions in the Chinese economy: a general equilibrium approach. Economica, 63 (252): 543-568.